Kancharla Mounika
Sadashiv Gosalwad
Nareshkumar Jayewar

BIOLOGIA & POTENCIAL DE ALIMENTAÇÃO DE Chrysoperla zastrowisillemi

Kancharla Mounika
Sadashiv Gosalwad
Nareshkumar Jayewar

BIOLOGIA & POTENCIAL DE ALIMENTAÇÃO DE
Chrysoperla zastrowisillemi

Diferente nos anfitriões

ScienciaScripts

Imprint

Any brand names and product names mentioned in this book are subject to trademark, brand or patent protection and are trademarks or registered trademarks of their respective holders. The use of brand names, product names, common names, trade names, product descriptions etc. even without a particular marking in this work is in no way to be construed to mean that such names may be regarded as unrestricted in respect of trademark and brand protection legislation and could thus be used by anyone.

Cover image: www.ingimage.com

This book is a translation from the original published under ISBN 978-620-5-49450-9.

Publisher:
Sciencia Scripts
is a trademark of
Dodo Books Indian Ocean Ltd. and OmniScriptum S.R.L publishing group

120 High Road, East Finchley, London, N2 9ED, United Kingdom
Str. Armeneasca 28/1, office 1, Chisinau MD-2012, Republic of Moldova, Europe
Printed at: see last page
ISBN: 978-620-5-22747-3

CONTEÚDO

ABSTRACT

Foram realizadas experiências laboratoriais no Departamento de Entomologia Agrícola, VNMKV, Parbhani durante 2020-2021 para estudar a biologia e o potencial de alimentação do rendas verdes, *Chrysoperlazastrowisillemi*(Esben-Petersen)sobre ovos não esterilizados e esterilizados de *Corcyra cephalonica*(Stainton), *Aphis craccivora*(Koch), *Aphis gossypii* (Glover), *Brevicorynebrassicae*(Linneaus)e *Uroleuconcompositae* (Theobald).

Foram registados diferentes parâmetros biológicos para as presas. Período de incubação de *Chrysoperlazastrowisillemiranged* de 3,84 a 4,41 dias com período mínimo de 3,84 dias em *Aphis craccivora e* período máximo em *Uroleuconcompositae* 4,41 dias, enquanto que a percentagem de eclosão de ovos registada mais elevada quando alimentados com ovos não esterilizados de *Corcyra cephalonicawith* 94,77 por cento.

O período larvar total foi mínimo em ovos não esterilizados de *Corcyra cephalonicawith de* 9 dias, enquanto os seus instantes larvares registaram 2,63, 2,77 e 3,60 dias, respectivamente de primeiro, segundo e terceiro instantes. A maior percentagem de larvas pupadas foi de 89,12% em ovos não esterilizados, seguida de 86,48, 81,7, 79,44, 78,94 e 74,5% em ovos esterilizados de *Corcyra cephalonica, Aphis gossypii, Brevicorynebrassicae, Aphis craccivora e Uroleuconcompositae,* respectivamente.

Da mesma forma, o índice de crescimento mais elevado foi registado em ovos não esterilizados de *Corcyra cephalonicawith* 9,90. A duração média da pupa foi de 5,43 dias no mínimo em ovos nãosterilizados. A percentagem de emergência adulta foi maior 90,20% nos ovos nãosterilizados de *Corcyra cephalonica* e menor 76,60% nos ovos de *Uroleuconcompositae.*

Período total de desenvolvimento 18,30 dias que foi mínimo registado em ovos não esterilizados de *Corcyra cephalonica.* Foi observado um período mínimo de pré-oviposição de 4,47 dias em ovos nãosterilizados de Corcyra *cephalonica. O* período de oviposição e fecundidade foram mais elevados em ovos não esterilizados com 29,57 dias e 371,6 ovos, respectivamente, enquanto 26,95, 26,

23,78, 22,83 e 20,26 dias foram observados em ovos esterilizados, *Aphis craccivora, Brevicorynebrassicae, Aphis gossypii* e *Uroleuconcompositae,* respectivamente.

O número total de presas consumidas pela *Chrysoperlazastrowisillemiw foi* mais em ovos esterilizados de *Corcyra cephalonicawith* 346,66 ovos seguidos por ovos não esterilizados com 311,95 ovos e menos em *Brevicorynebrassicaewwith* 161,84 aphids. O consumo de presas por diferentes instantes larvares do predador em ovos esterilizados variou de 38,17 a 174,83 ovos.

O presente estudo concluiu que quase todos os parâmetros do *Chrysoperlazastrowisillemireared* em ovos não esterilizados de *Corcyra cephalonicanoted* que era o hospedeiro mais adequado para a multiplicação em massa do predador no laboratório.

(**Palavras-chave:** *Chrysoperlazastrowisillemi,* ovos nãosterilizados de *Corcyra cephalonica, Aphis spp., Uroleuconcompositae e Brevicorynebrassicae.*)

CAPÍTULO - I
INTRODUÇÃO

CAPÍTULO - I

INTRODUÇÃO

Cerca de setenta por cento da população total da Índia depende da agricultura para o seu rendimento e subsistência. Após a Independência, a Índia fez enormes progressos na investigação agrícola e na produção de alimentos. A adopção de tecnologia agrícola recente inflacionou o rendimento agrícola. Apesar disto, a maioria das culturas, tais como vegetais, cereais, leguminosas, outras culturas agronómicas e hortícolas, são atacadas por muitos insectos lepidópteros e homópteros, infligindo degradação na qualidade e perda de rendimento, reduzindo assim significativamente o benefício financeiro dos agricultores. Os agricultores utilizam insecticidas para poupar este rendimento, o que aparentemente aumenta o custo de produção. Desde os anos 50, os insecticidas são a espinha dorsal da produção das culturas. Estes pesticidas comummente utilizados são frequentemente não selectivos e têm impacto nos componentes abióticos e bióticos do ambiente.

Várias ameaças e efeitos adversos foram causados pelo uso imprudente e indiscriminado de insecticidas, tais como riscos para a saúde, desequilíbrios ecológicos, resistência dos insectos aos insecticidas, ressurgimento de pragas menores e contaminação ambiental.Além disso, a degradação de inimigos naturais, resíduos de pesticidas no solo, água, alimentos e culturas forrageiras foram conjuntamente notados acima dos limites de tolerância definidos. A utilização de insecticidas de largo espectro, contudo, resultou num declínio das pragas de culturas e demonstrou conjuntamente efeitos adversos em espécies não alvo, tais como parasitóides, predadores, abelhas, polinizadores, aves e seres humanos. Devido às crescentes questões ambientais e económicas envolvidas na utilização de pesticidas, é necessário estabelecer estratégias alternativas para a gestão de pragas sugadoras.

"Gestão Integrada Bio-intensiva de Pragas"(BIPM) inclui a gestão biológica como componente crucial que pode ser uma abordagem holística para a MIP. Além disso, o programa de MIP seria mais eficaz se o uso de pesticidas fosse eficaz contra as espécies de pragas e comparativamente benéfico para os artrópodes. O biocontrolo é a utilização de parasitoides, predadores, e patogénios associados para manter a população de várias espécies a um nível mais baixo do que seria se não existissem. (Debach, 1965). A protecção do controlo biológico é excepcional, uma vez que muitos inimigos naturais são específicos do hospedeiro ou estão confinados a apenas algumas espécies relacionadas. Como resultado disso,

As espécies não visadas não são afectadas. Também não tem efeitos perigosos para os seres humanos e não representa qualquer ameaça ambiental. Estes agentes biocontroladores também mantêm o equilíbrio, regulando a densidade da população de presas. Inimigos naturais eficazes continuam frequentemente a ter um efeito repressor sobre as pragas de insectos.

Os predadores estão amplamente distribuídos em 167 famílias de 14 ordens de classe Insecta. Entre estas, as ordens Coleoptera, Neuroptera, Hymenoptera, Diptera e Hemiptera são as que contêm inimigos naturais (Sattar *et al.*, 2011). Alguns dos predadores de insectos observados no campo são os escaravelhos das rendas, joaninhas, libélulas, moscas-d'água, besouros terrestres, etc..

Entre os predadores, a Crisópidea (Renda Verde) foi encontrada como um potencial predador polifágico da Ordem Neuroptera e da Família Chrysopidae. Esta ordem consiste em 6000 espécies que são de corpo mole com relativamente poucas características especializadas. Têm mandíbulas fortes adequadas para mastigar, dois pares de asas semelhantes em tamanho e forma que descansam ao longo do abdómen numa posição semelhante à de um telhado. Estes insectos têm uma capacidade limitada de voar.

Na Índia, foram relatadas 65 espécies de predadores de crisópteros de diferentes ecossistemas pertencentes a 21 géneros (Singh e Jalali, 1994). As mais comuns são *Chrysoperlacarnea*(Stephens), *Malladaboninensis* (Okamoto) (Burke e Martin, 1956) e *Apertochrysacrassinervium*(Singh, 1994). O comum rendas verdes, *Chrysoperlasp.*, frequentemente conhecido como Leão Pulgão ou Olhos de Ouro, é extremamente importante para o controlo de pragas sugadoras numa variedade de culturas. (Balakrishnan *et al.*, 2005). Estes predadores alimentam-se de insectos (> 80 espécies) e de ácaros (> 12 espécies) (Kharizanov e Babrikova, 1978).

Chrysoperlacarnea(Stephens) modificada taxonomicamente para *Chrysoperlazastrowisillemi*(Esben-Petersen) (Venkatesan *et al.*, 2008 ; Henry *et al.*, 2010).

Um predador prolífico de pragas sugadoras como afídeos, cochonilhas, tripes, moscas brancas (Abd-rabou, 2008) e spidermites é o *Chrysoperlazastrowisillemi* (Neuroptera: Chrysopidae)(Saminathanet *al. ,* 1999). É uma espécie predominante, onde as larvas são predadoras na natureza e os adultos vivem livremente (Villenaveet *al.,* 2005). Tem sido considerada como um dos inimigos naturais mais úteis na gestão de insectos devido a

a sua preferência pelo hospedeiro, habitat diverso, fácil multiplicação de massa, ciclo de vida mais curto, capacidade de alimentação de larvas vorazes, resistência aos insecticidas e ampla distribuição geográfica (Tauber *et al.,* 2000).

As rendas verdes adultas são verde pálido com antena tipo fio, asas transparentes e olhos compostos de cor dourada. A cabeça é marcada com uma mancha castanha avermelhada ocasionalmente vermelha na gena (Brooks, 1994). Em média cada fêmea põe 780 ovos durante toda a sua vida (Jalaliet *al.,* 2003). No final de longos caules finos e sedosos, estes ovos de forma oval esverdeada são postos individualmente. A larva suga os líquidos do corpo das presas com pernas bem formadas e grandes tenazes em forma de foice, e é de cor cinzenta ou acastanhada. A fase larvar tem três instares e dura de 10-12 dias. O último instar larvar segrega a seda e constrói casulos em forma de pergaminho. O cachorro é visto dentro dos casulos. Os adultos emergem dentro de 8-10 dias. O pólen, o néctar e o pulgão só são alimentados por adultos. Começa a pôr ovos após o quinto dia de emergência dos adultos. A longevidade dos machos e fêmeas é de 30-35 dias e 60 dias, respectivamente. O ciclo de vida termina dentro de 18-23 dias (Anónimo, 1994).

Durante as últimas duas décadas, o papel dos Crisópteros (Rendas Verdes) como predadores tem sido apreciado em todo o mundo no programa de Gestão Integrada de Pragas devido à resistência aos insecticidas. Isto levou a um interesse em utilizá-los como uma abordagem ecológica, económica e social sólida no Controlo Integrado de Pragas.

Chrysoperla spp. ganhou mais relevância como agente biocontrolador eficaz por parte dos agricultores, bem como do ponto de vista dos investigadores, devido à sua resistência a certos pesticidas (Hassan *et al.,* 1985). Apesar destas vantagens, a *Chrysoperla spp.* é rara devido à utilização generalizada de agroquímicos não selectivos (Nasreen *et al.,* 2005). Para além de outras abordagens implementadas no Biocontrol, a libertação de Augumentação é um método comummente utilizado no caso do Chrysopids (Pappas *et al.,* 2011). Portanto, no laboratório, é importante produzi-los em massa para serem libertados no campo.

Os Crisópteros surgiram como um activo e poderoso agente biocontrolador e os investigadores são ainda necessários para avaliar a sua eficácia no programa IPM. Como resultado, a presente investigação foi iniciada para estudar "Biologia e potencial alimentar do *Chrysoperlazastrowisillemi* (Esben-Petersen)em diferentes hospedeiros" no laboratório para desenvolver tecnologia de produção em massa amiga do ambiente com os seguintes objectivos

i. Para estudar a biologia de *Chrysoperlazastrowisillemi*(Esben-Petersen)

ii. Estudar o potencial alimentar do *Chrysoperlazastrowisillemi*(Esben-Petersen) com ovos de *Corcyra cephalonica*, pulgão de feijão-frade, pulgão de algodão, pulgão de açafroa e pulgão de couve.

CAPÍTULO - II
REVISÃO DE LITERATURA

CAPÍTULO - II
REVISÃO DE LITERATURA

Este Capítulo descreve brevemente a análise da literatura sobre "Biologia e potencial alimentar de *Chrysoperlazastrowisillemi*(Esben-Petersen) em diferentes anfitriões" estudada por vários investigadores na Índia e no estrangeiro.

A literatura sobre esta perspectiva é analisada no contexto das seguintes rubricas:

2.1 Biologia de *Chrysoperlazastrowisillemi*

2.2 Potencial de alimentação de *Chrysoperlazastrowisillemi*

2.1 Biologia da *Chrysoperla sp.*

Afzal e Khan (1978) estudaram a biologia de *Chrysoperlacarneaagainst Aphis gossypii*. Os resultados obtidos indicaram que os períodos de ovo, larval, pré-pupal, pupa, pré-copulação, cópula e pré-oviposição variaram entre 4,8, 12,9, 4,2, 7,8 dias, 11,08 horas, 33 minutos e 4,4 dias, respectivamente.

Estudos de Patel e Vyas (1985) sobre biologia de *Chrysoperlascelesteson Corcyra cephalonicarevealed* que os períodos ovo, larval e pupa foram de 2,96, 6,77 e 6,13, respectivamente, enquanto que a longevidade masculina e feminina foi de 15,2 e 23,42 dias.

Balasubramani e Swaminappan (1994) estudaram os efeitos dos *ovos de Bemisiatabaci, Corcyra cephalonica, Heliothisarmigera, Aphis gossypii, Amrascabiguttula,* e *Heliothisarmigera* neonatos sobre o desenvolvimento da *Chrysoperlacarnea* em pragas de insectos do algodão e descobriram que o período de desenvolvimento global foi de 19,15, 19,35, 19,95, 20,15, 20,60 e 22,50 dias, respectivamente. O período pupal variou entre 7,40 dias, quando alimentado com *Bemisiatabaci e Amrascabiggutulato* 8,40 dias, quando alimentado com *Helicoveraarmigera*.

De acordo com Saminathanet *al.* (1999) investigações sobre a biologia *Chrysoperlacarnea*, a larva neonatal de *Helicoverpaarmigera* teve a fase mais longa de ovo, larva e pupa de 3,10, 11,37, e 8,27 dias, respectivamente. O período de desenvolvimento da *crisopalacarnéia* variou de 18,59 dias em *Aphis craccivora* a 22,74 dias em larvas de *Helicoverpaarmigeraneonate. A* fecundidade dos adultos foi máxima em *Aphis craccivora318*,40 ovos e a eclodibilidade dos ovos foi máxima de 83,88% em ovos de *Corcyra cephalonica* e 83,72% em *Aphis craccivora,* respectivamente.

Sarode e Sonalkar (1999) realizaram uma experiência sobre a influência da *Corcyra cephalonica* no desenvolvimento da *Chrysoperlacarnea* e descobriram que o tratamento de 125 ovos por dia resultou em durações mínimas de larvas e pupas de 8,04 e 9,17 dias, respectivamente.

Bansod e Sarode (2000) registaram que a duração larvar total de *Chrysoperlacarneawas* 6,52, 6,95, 9,12 e 9,87 dias em ovos esterilizados e não esterilizados de *Corcyra cephalonica*, ninfas de *Uroleuconcompositae,Aphis gossypii,*respectivamente.

Geethalakshmiet *al.* (2000) estudos sobre biologia de *Chrysoperlacarneaon* diferentes hospedeiros relataram que o período total de desenvolvimento foi completado em 22,2 dias. A proporção de descendência sexual de fêmeas e machos foi de 1:0,95. A fecundidade média da fêmea foi de 640 ovos. A esperança de vida masculina e feminina foi de 26,5 e 39 dias, respectivamente.

El-serafiet *al.* (2000) relatou que o período de incubação de *Chrysoperlacarneaeggs* variou de 3,2 ± 0,63 a 3,9 ± 0,87 dias entre quatro espécies de afídeos. O período de desenvolvimento mais longo foi observado em *Aphis nerii*(18,77 ± 2,80 dias) e o mais curto em *S.avenae*(10,5 ± 1,1 dias). O período de desenvolvimento global foi de 32,07 ± 2,3 dias em *Aphis neriito* 20,2 ± 1,6 dias quando cultivado em *Sitophilus avenae. A* longevidade média masculina e feminina foi maior quando criado em *Aphis gossypii* enquanto que a fecundidade (N.º de ovos) foi maior quando alimentado em *Aphis gossypii* seguido por *Rhopahlosiphummaidis,Sitobionavenae e* menor em *Aphis nerii.*

Liu Tong-Xian e Chen Tian-Ye (2001) notaram que a duração total do desenvolvimento 25,5 ± 0,4 dias foi a mais longa quando alimentado com *Lipaphiserysmi* e a mais curta 19,8 ± 0,4 dias quando criado em *Aphis gossypii. A* taxa de sobrevivência do predador desde o primeiro instar até à emergência adulta foi de 94,4 ± 3,3 % em *Aphis gossypii* seguido de 87,6 ± 5,1% em *Myzuspersicae* e a mais baixa foi observada em *Lipaphiserysimi* (14,9 ± 3,4%).

Adane e Gautam (2002) conduziram ensaios experimentais sobre biologia de *Chrysoperlacarneareported* que o período de incubação foi de 3,7, 3,52 e 3,4 dias quando criados em *Aphis craccivora, Drosophila melanogaster* e *Corcyra cephalonica*, respectivamente. A duração larvar do primeiro, segundo e terceiro instar foi de 2,33, 3,43 e 4,15 dias em *Aphis craccivora*, 3,25, 2,87 e 3,82 dias em *D.melanogaster*, 2,25, 2,56 e 1,99 dias em *Corcyra cephalonica*, enquanto o período de pupa foi registado como 7,80, 6,43 e 8,12 dias, respectivamente. O período total de desenvolvimento foi de 21,35, 19,88 e 18,89 dias, respectivamente, nestes três hospedeiros.

Patro e Behera (2002) relataram que ovo, larval, pupa e período de desenvolvimento total do pulgão de *Chrysoperlacarneaon, Aphis craccivorawas* 4,01 ± 0,05, 8,40 ± 0,72, 6,95 ± 0,56 e 19,36 ± 1,18 dias, respectivamente.

Balakrishnan *et al.* (2005) descobriram que o período de ovos de *Chrysperlacarnea* era de 2,70 dias em *Aphis craccivora*, com períodos larvares que variavam de 8,60 a 11,40 dias e períodos de pupas que variavam de 7,50 a 8,40 dias. *A crisopalacarnéia* teve um ciclo de vida que durou de 16,60 dias em *Aphis craccivora* a 19,80 dias em larvas de *Helicoverpaarmigera* neonate.

Khulbeet *al.* (2005) descobriu que a alimentação de ovos de *Chrysoperlacarneaon* não esterilizados de *Corcyra cephalonica* resultou na duração adulta mais curta de 36,67 dias, enquanto a alimentação de recém-nascidos de *Helicoverpaarmigera resultou no* tempo adulto mais longo de 49,67 dias.

Pandey e Singh (2005) relataram a duração do ovo durante 3,02 ± 0,08 dias em *Lipaphiserysimi*. Os instares larvares primeiro, segundo e terceiro variaram entre 3,12, 4,48 e 4,76 dias, respectivamente. O período pupal durante 7,94 dias. A percentagem de emergência adulta foi de 86 a 98% e a proporção de sexo masculino:feminino foi de 1:0,96.

Khan *et al.* (2009) notaram que os estádios larval, pré-pupal e pupal de *Chrysoperlacarneaon Sitotrogacerealellalasted* durante 11,3 ± 0,37, 2,8 ± 0,16 e 9,0 ± 0,24 dias, respectivamente.

Chakraborty e Korat (2010a) reportaram que o período de ovos de *Chrysoperlacarneawas* 2,20 ± 0,06 dias, a duração das larvas do primeiro, segundo e terceiro instar foi de 1,94 ± 0,06, 2,72 ± 0,09 e 2,58 ± 0,11 dias, respectivamente. O período pupal foi de 5,80 ± 0,11 dias. A duração de vida para ambos os sexos foi de 33 ± 1,08 e 27,52 ± 0,89 dias em fêmeas e machos, respectivamente.

El - Seadyet *al.* (2011) realizou uma experiência para avaliar o efeito de três temperaturas 20, 25 e 30^0 c em *Chrysoperlacarneawhen* alimentado com *Aphis craccivora*. Os resultados mostraram que a média do período larvar total a 20, 25 e 30^0 c foi de 14,81 ± 1,78, 11,14 ± 1,51 e 9,91 ± 0,97 dias, respectivamente, enquanto que o período pupilar foi de 10,73 ± 3,74, 8,81 ± 3,23 e 4,82 ± 3,10 dias, respectivamente a 20, 25 e 30^0 c.

Sattar *et al.* (2011) descobriram que o período de incubação de *Chrysoperlacarnea* em *Aphis gossypii, Phenococcussolenopsis, Sitotrogacerealella, Helicoverpaarmigera, Pectinophoragossypiella*, e dietas hospedeiras mistas foram de 2,25, 2,28, 2,36, 3,85, 2,25, e 2,80 dias, respectivamente. O primeiro instar larval teve um período de alimentação de 2,62, 2,87, 4,00, 3,00, 2,50, e 2,87 dias, enquanto o segundo instar teve um período de alimentação de 2,75, 3,00, 4,12, 4,12, 2,75, e 3,50 dias, e o terceiro instar teve um período de alimentação de 3,12, 3,62, 4,25, 4,25, 3,00, e 4,62 dias. 7,75, 7,75, 8,37, 8,50, 7,37, e 8,25 dias foram os períodos de pupa, respectivamente.

Khuhroet *al.* (2012) observou que o primeiro, segundo, terceiro período de larva instar e pupa da fêmea *Chrysoperlasinicawas* (5,62 ± 0,11, 3,85 ± 0,06, 4,09 ± 0,08 e 10,88 ± 0.13) em *Aphis craccivora,* (4,26 ± 0,13, 2,95 ± 0,09, 3,84 ± 0,13 e 10,03 ± 0,11) em *Corcyra cephalonicaand* (3,8 ± 0,06, 2,70 ± 0,06, 3,10 ± 0,08 e 9,55 ± 0,13) dias em *Aphis gossypii*.

Satpathyet *al.* (2012) relatou que a duração larvar do predador *Chrysoperlazastrowisillemi* em diferentes hospedeiros variou de 7,50 a 15,35 dias. Os ovos de *Corcyra cephalonica* tiveram um período de larva mais curto de 7,5 dias. A duração da pupa variou entre 7,50 e 8,63 dias. A emergência adulta foi maior quando as larvas criadas em ovos de *Corcyra cephalonica*76,75%.

Aravind *et al.* (2013) experiências sobre os atributos biológicos dos ácaros-aranha *Chrysoperlazastrowisillemion* bhendi e *Corcyra cephalonicarevealed* que os ovos de *Corcyra cephalonicawere* superior aos ácaros ninfas. Os ovos de *Corcyra cephalonica* tiveram um período larval mais curto de 8,57 dias e o período total de desenvolvimento variou de 19,42 ± 0,3 a 22,43 ± 0,31 dias em *Corcyra cephalonicaeggs* e ácaros de aranha adultos respectivamente. A fecundidade da fêmea foi maior no caso dos ovos de *Cocyracephalonica373,40* ± 4,57.

Vivek *et al.* (2013) descobriram que o período de incubação de *Chrysoperlacarneaon Aphis craccivora, Aphis gossypii, Rhopahlosiphummaidis, Lipaphiserysimi* e *Corcyra cephalonicawas* 3 ± 0,15, 3,3 ± 0,2, 3,8 ± 0,12, 4,1 ± 0,18 e 2,7 ± 0,12 dias, respectivamente. O período total de desenvolvimento foi mais curto (21,1

dias) quando criado em *Aphis craccivora* e mais tempo em *Lipaphiserysimi*(24,2 dias). *A* longevidade masculina e feminina foi maior em *Aphis craccivora com* 32,8 ± 1,46 e 38,6 ± 0,92 dias, respectivamente. *Aphis craccivorawas* quase ao mesmo nível que *Corcyra cephalonica*, excepto em caso de fecundidade.

Ensaios laboratoriais de *Chrysoperlacarnearevealed* que o período larval foi significativamente mais curto em *Corcyra cephalonica8,7* ± 0,94 dias em comparação com *Pectinophoragossypiella9,5* ± 0,92 e *Sitotrogacerealella9,6* ± 1,17 dias (Hassan 2014)

Nandan *et al.* (2014) investigações de *Chrysoperlazastrowisillemiagainst* diferentes espécies de afídeos declararam que o período larvar era mais curto quando as larvas predadoras cresciam em *Corcyra cephalonica*(7,43 dias) e mais longo quando alimentadas com *Lipaphiserysimi*(11,92 dias). A fecundidade (ovos/fêmea) era mais elevada quando as larvas eram alimentadas com *Aphis gossypii* (293,07 ovos/fêmea).

Kale *et al.* (2014), *Chrysoperlacarnea* tinha um potencial reprodutivo de 450,0 ovos quando alimentada com ovos de *Corcyra cephalonica* e 57,73 ovos quando alimentada com ninfas de insectos farináceos.

Kumar *et al.* (2014) estudaram a *Chrysoperlacarnea* em ovos de *Corcyra cephalonica* e descobriram que a duração da incubação, período larvar, duração da pupa, fecundidade, e longevidade adulta de machos e fêmeas foram 3,23,

8,74, 8,43, 268,66, 29,7, e 38,23 dias, respectivamente, com uma taxa de eclosão de 86,2 por cento.

A Abd-el-atty (2015) realizou uma experiência para estudar o efeito dos tipos de presas nos aspectos biológicos da *ChrysoperlaCarnea*. As presas estudadas foram *Thrips tabaci, Gynaikothripsficorum, Aphis durantae, Spodoptera littoralisand* control *Aphis craccivora*. Os resultados revelaram que a diferença entre os períodos totais de desenvolvimento foram significativos e variaram entre 26,9, 20,6, 23,0, 19,8 dias, respectivamente com controlo de 15-16 dias. Os períodos de oviposição também foram significativamente diferentes com 17,9, 15, 7,6 e 10 dias, respectivamente, em comparação com o controlo de 10,0 dias. Fecundidade (Número de ovos/fêmeas) foram 109, 131, 156 e 43 ovos, respectivamente com presas, em comparação com os ovos de controlo *Aphis craccivora210*.

Naruka e Ameta (2015) estudaram a biologia de *Chrysoperlazastrowi arabica* em diferentes presas. Em média, são necessários 3,4 dias para que um ovo ecloda larva onneonate de *Corcyra cephalonica*. O período larvar total 8,93 dias foi registado como mais baixo em ninfas de *Nyzusnerii* e o período pupal 8,90 dias foi registado como mais baixo quando as larvas foram criadas em ninfas de *Raphalosiphummaidis*. A maior percentagem de aparecimento de machos adultos foi de 92,05 quando cultivados em ovos de *Corcyra cephalonica*, e a mais baixa foi de 71,28 quando alimentados com ninfas de *Aphis gossypii*.

Takalloozadeh (2015) estudou o período completo de desenvolvimento da *Chrysoperlacarnea* em *Aphis gossypii,Myzuspersicae, Aphis punicae, Aphis fabae e Aphis craccivoraas* $19{,}63 \pm 0{,}125$, $20{,}63 \pm 0{,}18$, $22{,}06 \pm 0{,}18$, $22{,}35 \pm 0{,}12$ e $23{,}81 \pm 0{,}35$ dias, respectivamente. A fecundidade média por fêmea foi máxima em *Aphis gossypii* $409{,}33 \pm 8{,}16$ e a longevidade da fêmea foi mais longa quando a larva predadora foi criada em *Myzuspersicae*.

Halder e Rai (2016) avaliaram *Chrysoperlazastrowisillemiagainst* cinco aphids de presas. Entre estas, as larvas predadoras preferiram *Myzuspersicae*. *Os* parâmetros de fecundidade 183,4 ovos/fêmeas, índice de crescimento 8,31, taxa de sobrevivência larvar 94,50% e taxa de multiplicação 0,051 foram registados como os mais elevados nas *Myzuspersicae*.

Manjunathaet *al.* (2016) investigou o desenvolvimento dos instares larvares de *Chrysoperlacarnea* em vários hospedeiros. As descobertas relataram que o primeiro, segundo e terceiro período larvar instar em *Cocyraeggs* foi de 3,20, 3,83 e 3,25 dias, respectivamente, e em brinjal aphid como 3,78, 4,92 e 4,29 dias, respectivamente. O período total de desenvolvimento foi de 19,91, 23,77, 22,90, 20,50, 21,05 e 17,93 dias, respectivamente, quando alimentado com *Myzuspersicae, Lipaphiserysimi, Aphis craccivora, Brevicorynebrasicae, Aphis spiraecola e Corcyra cephalonica.*

Patel *et al.* (2016) investigaram a biologia comparativa de *Chrysoperlazastrowi arabica* em diferentes espécies de afídeos. Estes estudos observaram que o período de desenvolvimento total foi o mais curto quando cultivado em *Aphis craccivora* como 18,33 ± 0,63 dias em comparação com 19,98 ± 0,69 dias quando alimentado com *Lipaphiserysimi. A* fecundidade (ovos/fêmeas) foi registada como 568,40 ± 88,59 e 491,20 ± 97,79 ovos quando criados em *Aphis craccivora e Lipaphiserysimi,* respectivamente.

Kubavatet *al.* (2017) testes experimentais indicaram que o período de ovos, percentagem de eclosão dos ovos, larva do primeiro instar, segundo instar, duração da larva do terceiro instar, período pupilar, pré-oviposição, oviposição, período pós-oviposição e fecundidade de *Chrsyoperlazastrowisillemi* foi registado como 2,38 dias, 88,70%, 1,93, 2,86, 2,73, 6,61,

3,42, 12,52, 10,23 dias e 352,9 ovos/fêmeas, respectivamente em *Corcyra cephalonica.* A longevidade das fêmeas e machos 33,90 & 29,20 dias foi registada em *Corcyra cephalonica.*

Saleh *et al.* (2017) estudaram o período de ovos de *Chrysoperlacarneawas* 2,31 ± 0,12, 2,35 ± 0,14 e 3,01 ± 0,09, respectivamente em *Sitotrogacerealella, Ephestiakuehniella e Aphis gossypii. A* duração total do desenvolvimento foi de 21,2 ± 1,67, 20,6 ± 1,28 e 23,8 ± 1,36 dias, quando criados em *Sitotrogacerealella, Ephestiakuhniella e Aphis gossypii. A* longevidade feminina foi mais longa em *Aphis gossypii* (42,1 ± 5,45 dias).

Khanzada *et al.* (2018) conduziram uma experiência sobre *Chrysoperlacarnea e* relataram que a maior eclodibilidade dos ovos 88%, emergência adulta 76,0 ± 4,00 foi notada em ovos de *Corcyra cephalonicawhereas* mais baixos na *Spodoptera litura*. *A* duração mínima da pré-oviposição (5,6 ± 0,23 dias) e oviposição (23,6 ± 1,04 dias) foi notada em *Aphis craccivora*. *A* longevidade masculina e feminina mais curta de 29,0 ± 0,45 e 39,6 ± 0,51 dias foi registada em *Corcyra cephalonica*.

Mhaskeet *al.* (2017) investigado sobre a biologia do *Chrysoperlazastrowisillemi* em afídeos e cochonilhas, *Aphis gossypii* tem a duração mais curta dos ovos (3,94 dias) e a maior percentagem de eclosão de ovos (89%) seguido de *Phenococcussolenopsis* e *Maconellicoccushirsutus*. *Maconellicoccushirsutus* teve o ciclo de vida feminino (34,93 dias) e masculino (50,97 dias) muito curto.

Shaukat (2018) a análise experimental da variedade de hospedeiros *Chrysoperlacarneaon* revelou que o período de incubação era mínimo (2,25 dias) em *Aphis gossypii* e *Sitotragacerealella, tendo sido* observados *os* estádios mais curtos de larvas, pupas e adultos em ovos de *Pectinophoragossypiella*. *A* percentagem de sobrevivência das larvas aos adultos foi maior nos ovos de *Sitotrogacerealella*(100%) e menor 50,00 ± 53,45 nos ovos de *Pectinophoragossypiella*. *A* longevidade masculina e feminina foi mais elevada nos ovos de *Sitotrogacerealella com* 23,6 ± 0,42 e 38,6 ± 0,62 dias, respectivamente.

Manjunathaet *al.* (2018) observações de *Chrysoperlacarnea* biologyon *Corcyra cephalonica*, aphids e whitefly indicam que o predador completou o seu período de ovo em 3,80 ± 0,15 dias quando criado em *Corcyra cephalonica*, 2,39 ± 0,13 dias em aphids e 2,90 ± 0,27 dias em whitefly. O período de larvas variou de 8,90-11,50, 10,40-12,60 a 10,20-12,20 dias, respectivamente em ovos de *Corcyra*, afídeos e moscas brancas. A maior capacidade de postura de ovos foi registada nos afídeos com 395-435 ovos.

Kumar *et al.* (2019) estudaram que a duração do ciclo de vida de *Chrysoperlacarneawas* completado em 26 dias quando alimentado com *Aphis craccivora,* 31 dias com *Aphis gossypii* e 45 dias com *Corcyra cephalonicaeggs. A* longevidade masculina e feminina foi de 19,67 ± 0,88, 31,00 ± 1,00 & 17,67 ± 0,88, 26,00 ± 1,53 & 32,33 ± 0,88, 45,00 ± 0,58 dias respectivamente em *Aphis gossypii, Aphis craccivora e Corcyra cephalonica.*

Chandana *et al.* (2020) realizaram estudos laboratoriais sobre pulgões de couve e descobriram que os ovos, larvas, cachorros, fase de pré-oviposição, fase de oviposição, e longevidade feminina e masculina adulta foram 4,82 ± 0,24, 11,2 ± 0,60, 7,03 ± 0,29, 6,60 ± 0,40, 25,40 ± 0,51, 40,8 ± 1,28, e 29,40 ± 1,86 dias, respectivamente.

Os resultados do Imã (2020) na experiência de *Chrysoperlacarneaon Pectinophoragossypiella e Aphis craccivorashowed* que o período larvar e pupário foi de 8,46 ± 0,82 e 6,92 ± 0,86 dias, respectivamente, quando criados em larvas PBW, enquanto que 8,25 ± 0,96 e 6 ± 0,15 dias quando alimentados com afídeos de feijão-frade. A eclodibilidade dos ovos foi máxima nos afídeos do feijão-frade com 95,87%.

Kumari *et al.* (2020) avaliações de *Chrysoperlazastrowisillemion* aphid de algodão revelaram que a incubação, primeiro instar, segundo instar, terceira larva instar, pré-pupal, pupal, período de emergência do ovo ao adulto foi de 2,60 ± 0,16, 2,80 ± 0,15, 3,10 ± 0,13, 4,80 ± 0,12, 1,10 ± 0,10, 8,30 ± 0,24 e 23,56 ± 0,25 dias, respectivamente. A fecundidade (ovos/fêmeas) foi de 398,9 ± 10,58 ovos. O período de pré-oviposição, oviposição e pós-viposição foi de 3,60 ± 0,39, 24,70 ± 1,69 e 24,70 ± 1,69 dias, respectivamente. A longevidade masculina e feminina foi de 26,80 ± 0,95 e 37,60 ± 1,71 em *Aphis gossypii*.

2.2 Potencial de alimentação de *Chrysoperla sp.*

Afzal e Khan (1978) descobriram sobre o potencial alimentar de *Chrysoperlacarnearevealed* que o consumo médio de larvas era de 487,2 ninfas de *Aphis gossypii* e 510,8 pupas de *Bemisiatabaci*.

Balasubramani e Swamiappan (1994) descobriram que as larvas predadoras do primeiro, segundo e terceiro instar *Chrsyoperlacarneaconsumeram* os ovos mais altos de *Corcyra cephalonica*, com 47,75, 200,53, e 482,73, respectivamente, enquanto que as ninfas *Amrascabiguttula* foram as menos consumidas, com 16,20, 50,45, e 231,80 ninfas do primeiro, segundo, e terceiro instar, respectivamente. Durante o desenvolvimento, cada larva consumiu uma média de 732,35 ovos de *Corcyra cephalonica*, 419,18 *Aphis gossypii*, 662,53 ovos de *Helicoverpaarmigera*, 409,55 neonatos de *Helicoverpaarmigera*, e 329,70 *Bemisiatabaci*.

Saminathan*et al.* (1999) realizou ensaios experimentais de *Chrysoperlacarnea*on diferentes hospedeiros relativamente ao potencial de alimentação revelou que durante o período de desenvolvimento cada larva consumiu um máximo de 721,80 ovos de *Corcyra cephalonica*followed by *Helicoverpa*armigera 643.30 ovos e *Earias*vitella*608,60 ovos enquanto que *Aphis craccivora*(Amendoim), *Aphis craccivora*(Cowpea) e *Aphis gossypii* (Algodão) foram igualmente preferidos pelas larvas de predador que consumiram 398,20 - 406,30 ovos.

Thite e Shivpuje (1999) registaram que o primeiro, segundo e terceiro consumo larvar instar de *Chrysoperlacarnea*nnnn 36,7, 78,1 e 116,1 ovos por dia em *Corcyra cephalonica e* 32,4, 32,47 e 47,2 afídeos por dia em *Aphis gossypii*, respectivamente.

As descobertas de El-serafie*t al.* (2000) sobre o potencial predatório de *Chrysoperlacarnea*sta *de* cada larva num consumo médio (número de afídeos) variou de 75,08 *Aphis gossypii* a 28,15 *Aphis nerii em que a* percentagem de consumo diferiu como 7,98 por cento em *Aphis nerii*to 6,94 por cento em *Aphis gossypii*.

Geethalakshmi*et al.* (2000) relatou uma larva de *Chrysoperlacarnea*consumumiu uma média de 30,3 ovos de *Corcyra cephalonica*, 33,4 ovos de *Helicoverpa*armigera e 0,54 massa de ovos de *Spodoptera litura. O* número médio de presas consumidas durante todo o período larvar em ovos de *Corcyra cephalonica, Helicoverpa*armigera *e massa de* ovos de *Spodoptera litura foi de* 940 ± 45, 1170 ± 105 e 28 ± 1,5, respectivamente.

Adane e Gautam (2002) estudaram o potencial alimentar de *Chrysoperlacarnea e* relataram que as larvas do primeiro, segundo e terceiro instar consumiram 38,24, 92,21 e 220,27 ninfas e adultos de *Aphis craccivora,* 36,52, 47,50 e 63,25 larvas de *D.melanogaster*and 36,28, 86,78 e 227,37 ovos de *Corcyra cephalonica.*

Pradhan *et al.* (2013) registaram que o potencial de alimentação das larvas do primeiro, segundo e terceiro instar de *Chrysoperlacarnea*on aphid foi de 12,31, 79,61 e 82,18 aphids, respectivamente, enquanto o consumo total foi de 174,11 aphids durante todo o período larval.

Saminathan*et al.* (2003) estudou o potencial predatório do *Chrysoperlacarnea*using duas densidades de presas 100 e 200 por dia. Com 100 densidades de presas, larvas consumidas em média 721,80, 399,20, 368,40, 374,40,

405,40, 406,30, 608,60, 398,20, 643,30 e 402.50 quando alimentado com *ovos de Corcyra cephalonica, Aphis gossypii* (Algodão), *Aphis gossypii* (Bhendi), *Aphis gossypii* (Goiaba), *Aphis craccivora*(Feijão-frade), *Aphis craccivora*(Amendoim), *Eariasvitellaeggs, larvas de Eariasvitella neonate, Helicoverpaarmigeraeggs* e *Helicoverpaarmigeraneonate* enquanto que a 200 densidade de presas, as larvas consumiram 739.40, 428,30, 404,10, 399,60, 422,20, 432, 644,50, 417,10, 686,20 e 415.50 em *Corcyra cephalonicaeggs, Aphis gossypii* (Algodão), *Aphis* gossypii (Bhendi), *Aphis gossypii* (Goiaba), *Aphis craccivora*(Cowpea), *Aphis craccivora*(Amendoim), *Eariasvitellaeggs, Eariasvitella neonate larva, Helicoverpaarmigeraeggs* e *Helicoverpaarmigeraneonate* larva, respectivamente.

Balakrishnan *et al.* (2005), *Chrysoperlacarnea* prefere ovos de *Corcyra cephalonica* (700,90) em vez de *Aphis devastans* (270,00). As larvas do primeiro, segundo e terceiro instar consumiram 44,55, 195,60 e 460,75 ovos de *Corcyra cephalonica*, 23,65, 70,40 e 300,00 ninfas de *Aphis gossypii*, 34,30, 84,50 e 315,20 ninfas de *Aphis craccivora*.

Chakraborty e Korat (2010b) investigaram a capacidade alimentar da *Chrysopelacarnea* em várias espécies de afídeos. Larvas de *Chrysoperlacarnea*: primeiro, segundo e terceiro instantes consumiram 185 a 321, 83 a 269, 163 a 191.130 a 164, 141 a 189 e 118 a 143 com uma média de 231,33 ±31,74, 183,07 ± 51,67, 174,63 ± 6,11.143.40 ± 8,70, 172,00 ± 12,83 e 131,80 ± 6,62 afídeos quando alimentados com *Aphis gossypii, Uroleuconcompositae, Lipaphiserysimi, Aphis craccivora, Aphisnerii e Brevicorynebrassicaeduring* todo o período larval, respectivamente.

Gosalwadet *al.* (2010) observações sobre o potencial de *alimentação de Chrysoperlacarneafeeding* revelou que cada larva consumiu 278,90, 350,60 ninfas e 265,40 ovos quando alimentada com *Aphis gossypii, Aphis craccivora e Corcyra cephalonica,* respectivamente.

Aravind *et al.* (2012) constatações sobre a eficiência predatória da *Chrysoperlazastrowisillemion Aphis gossypii* de quiabo e *Corcyra cephalonica observaram* que as larvas do primeiro, segundo e terceiro instar consumiram (10,94, 37,07 e 213,71) e (30,19, 139,82 e 196,65), respectivamente.

Gupta e Mohan (2012) estudaram a eficiência alimentar de *Chrysoperlacarneaagainst Lipaphiserysimiand Brevicorynebrassicae.* Os resultados mostraram que as larvas do primeiro, segundo e terceiro instar consumiram 6, 72,25

& 100 afídeos no caso do pulgão de mostarda e 17,5, 37,5 & 71,5 no caso do pulgão de repolho.

Rashid *et al.* (2013) descobriram que as larvas do primeiro, segundo e terceiro instar de *Chrysoperlacarnea* consumiram 7,78, 17,20, e 30,52 ninfas do terceiro instar, respectivamente, quando alimentadas com *Fenacoccussolenopsis*.

Solangiet *al.* (2013) ensaios experimentais de *Chrysoperlacarneaon* diferentes hospedeiros revelaram que as larvas do primeiro, segundo e terceiro instar consumiram respectivamente 6,14, 18,62, 32,44 & 6,44, 10,14, 19,66 & 27,16, 45,82, 66,14 e 3,44, 40,78, 61,14 indivíduos em mosca branca, *Aphis devastans, Aphis gossypii* e mealybug.

Vivek *et al.* (2013) observaram que o número médio de afídeos consumidos por larvas de *Chrysoperlacarneawas* 394,8 ± 4,47, 332,6 ± 3,68, 132,4 ± 6,07 e 260,4 ± 4,092 quando cultivados em *Aphis craccivora, Aphis gossypii, Lipaphiserysimi e Rhophalosiphummmaidisrespectivamente.*

Aggarwal e Neetan (2014) estudaram a eficiência predatória do *Chrysoperlazastrowisillemion* mealy bug de algodão, relatando que o consumo total de larvas do primeiro, segundo e terceiro instar era de 19,91, 48,12 e 57,16 ninfas por dia.

Hassan (2014) trilha sobre o potencial de alimentação das larvas do primeiro, segundo e terceiro instar de *Chrysoperlacarneaconsumed* 13,2 ± 6,01, 77,9 ± 31,14 e 264,1 ± 68,8 ovos de *Corcyra cephalonica,* respectivamente, enquanto que o hospedeiro menos preferido foi *Sitotrogacerealella.* Total em média, os ovos consumidos pelas larvas foram 493,6 ± 50,32, 654,3 ± 32,54 e 673,9 ± 31,52 quando criados em *Corcyra cephalonica, Pectinophoragossypiella e Sitotrogacerealella,* respectivamente.

Halder e Rai (2016) estudaram o potencial de alimentação de *Chrysoperlazastrowisillemiagainst* aphids diferentes. Mostrou preferência máxima por *Myzuspersicae*(186,53 ninfas/larva) seguida por *Brevicorynebrassicae*(171,8 ninfas), *Aphis spiraecola*(157,2 ninfas) e menos preferida em *Lipaphiserysimi*(110,6 ninfas/crisópides).

Kumari *et al.* (2016) conduziram uma experiência sobre a capacidade de predação de diferentes hospedeiros de *Chrysoperlacarneaon* revelou que os ovos de *Corcyra cephalonicaw eram* altamente adequados para a criação de *Chrysoperla onde* as larvas do primeiro, segundo e terceiro instar consumiam 53,25, 220,6 e 430,5 ovos, respectivamente. Na ausência deste hospedeiro, os hospedeiros de campo como afídeos e cochonilhas eram preferidos.

Estudo de Patel *et al.* (2016) sobre a capacidade de pré-engorda de *Chrysoperlazastrowisillemirevealed* que uma única larva consumiu uma média de 326,70 ± 32,93 e 369,25 ± 27,97 aphids em *Lipaphiserysimiand Aphis craccivora*, respectivamente. 320,95 ± 17,86 ninfas enquanto consumiu 198,15 ± 17,86 adultos de afídeos.

Bhojaniet *al.* (2017) estudou o potencial de alimentação dos afídeos de *Chrysoperlazastrowisillemion* algodão revelou que o consumo médio era de 320,95 ± 17,86 ninfas, enquanto 198,15 ± 17,86 adultos de afídeos.

Panthet *al.* (2017) observou que o maior consumo de afídeos pelas larvas de *Chrysoperlacarneaw foi* encontrado quando alimentado com *Brevicorynebrassicae*(242,25) seguido de *Aphis craccivora*(237,25), *Aphis fabae*(234,00), *Breveniarehi*(230,25) e *Eriosomalanigerum*(139,00). A taxa de consumo não foi significativamente diferente entre várias espécies de aphis, enquanto que consumiu menos indivíduos de *Eriosomalanigerum*.

Narukaet *al.* (2017) investigou o potencial predatório do *Chrysoperlazastrowi arabica* em ovos e larvas de neonatos de *Corcyra cephalonica e* ninfas de cinco espécies de afídeos. A larva de *Chrysoperlazastrowi arabica* preferia ovos de *Corcyra* que consumiam 298,24 ovos enquanto que *a Nyzusnerii era* menos preferida com 154,58 ninfas. Comparando o consumo de adultos predadores, as fêmeas consumiram mais do que os machos.

Rana *et al.* (2017) estudaram o potencial alimentar de *Chrysoperlacarneaon* sete espécies diferentes de afídeos e ovos de *Corcyra*. O hospedeiro preferido mais alto foi *Corcyra cephalonicawhich* com 235,12 ± 43,32 ovos, seguido de *Aphis craccivora, Brevicorynebrassicae, Lipaphiserysimi, Ceratovacunalanigera, Aphis fabae, Myzuspersicae e Eriosomalanigerum*, respectivamente.

Khanzada *et al.* (2018) realizaram uma experiência sobre o potencial de alimentação de *Chrysoperlaon Aphis gossypii, Rhophalosiphummaidis e Lipaphiserysimi onde* consumiu 309,2 ± 8,11, 197,6 ± 5,99 e 130 ± 4,49 indivíduos, respectivamente.

Kubavatet *al.* (2017) revelou que o primeiro, segundo e terceiro instar larvas de *Chrysoperlazastrowisillemiconsumiram* 63,8 ± 2,90, 268,5 ± 6,24 e 354,5 ± 5,90 ovos de *Corcyra cephalonica,* respectivamente.

As descobertas de Manjunathaet *al.* (2018) revelaram que as larvas do primeiro, segundo e terceiro instar de *Chrysoperlacarneaconsumiram* 6,14 ± 0,81, 21,38 ± 1,06 e 39,80 ± 1,44 ninfas de larvas do quarto instar de *Bemisiatabaci, sendo que o* maior consumo foi observado em ninfas de *Aphis gossypii* 6,44 ± 0,64, 29,62 ± 0,56 e 45,13 ± 0,22 indivíduos, respectivamente.

Shaukat *et al.* (2018) investigaram o comportamento alimentar de *Chrysoperlacarneaon Aphis gossypii, Helicoverpaarmigera*(ovos), *Pectniphoragossypiella*(ovos), *Phenococcussolenopsis*(ninfas) e ovos congelados de *Sitotrogacerealella. Fenococcussolenopsisfirst* instar nymphs foram altamente consumidas 645,9 pela larva predadora do terceiro instar, 406,0 ninfas pelo primeiro instar e 426,3 ninfas pela larva do segundo instar.

Farhan *et al.* (2019) investigaram o potencial alimentar de *Chrysoperlacarneaon* instars nymphal diferentes de *Myzuspersicaerevealed* que a taxa de consumo aumentou com o aumento dos instares larvares. O potencial predatório total era de 413,9 ± 0,07 afídeos por larva.

Kumar *et al.* (2019) relataram que larvas únicas de *Chrysoperlacarneaconsumiram* 64,33 ± 0,67, 80,00 ± 2,65 indivíduos de *Aphis craccivora, Aphis gossypii* e 97,33 ovos de *Corcyra cephalonica,* respectivamente. Os três instares larvares consumiram 206,67 ± 1,86, 277,67 ± 4,37 indivíduos de *Aphis craccivora, Aphis gossypii* e 369,00 ± 6,11 ovos de *Corcyra cephalonica,* respectivamente.

Mhaskeet *al.* (2019) revelou que cada *Chrysoperlazastrowisillemilarva* consumiu 89,56 indivíduos de *Maconellicoccushirsutusin* 12,61 dias, 135,45 ninfas de *Phenococcussolenopsisin* 12,87 dias e 353,37 indivíduos de *Aphis gossypii* em 11,36 dias.

Elangoet *al.* (2020) realizou uma experiência sobre o potencial alimentar de *Chrysoperlazastrowisillemi* com insecto farinhento, relatando que as larvas do primeiro, segundo e terceiro instar consumiram 5,57, 24 e 37,30 ninfas durante o seu período larvar, respectivamente.

As descobertas de Kumari *et al.* (2020) sobre o potencial alimentar de *Chrysoperlazastrowisillemi* contra *Aphis gossypii* revelaram que o número médio de afídeos consumidos pelas larvas do primeiro, segundo e terceiro instar era de 30,66 ± 3,55, 98,7 ± 3,73 e 301,7 ± 4,59, respectivamente.

Timkeet *al.* (2020) realizou uma experiência sobre o potencial de alimentação de *Chrysoperlacarneaon Corcyra cephalonicaat* diferentes níveis de temperatura. A 30^0 c larvas predadoras consumiram o menor número de ovos de *Corcyra cephalonica*(342,64) num período de 6,96 dias e a 25^0 c 726,19 ovos com período de 10,81 dias e o mais alto com 1401,69 ovos com período de 20,93 dias a 20^0 c.

CAPÍTULO - III
MATERIAIS E MÉTODOS

CAPÍTULO - III

MATERIAIS E MÉTODOS

O trabalho de investigação proposto "Biologia e potencial alimentar de *Chrysoperlazastrowisillemi* (Esben-petersen) sobre diferentes hospedeiros" foi realizado no Laboratório de Investigação em Parasitologia de Insectos, Departamento de Entomologia Agrícola, VNMKV, Parbhani durante 2020-2021.

Os materiais utilizados e os métodos adoptados nos presentes ensaios experimentais são descritos a seguir:

3.1 Materiais

3.1.1 Predador de teste

Chrysoperlazastrowisillemi (Esben-petersen) (Neuroptera : Chrysopidae) foi tomada como insecto de teste.

3.1.2 Insectos hospedeiros

Diferentes hospedeiros *a saber,* ovos esterilizados e não esterilizados de *Corcyra cephalonica*, afídeo de couve *Brevicorynebrassicae*, afídeo de Cowpea *Aphis craccivora*, afídeo de algodão *Aphis gossypii* e afídeo de Safflower *Uroleuconcompositae* foram utilizados como presas para o estudo da biologia e do potencial alimentar do *Chrysoperlazastrowisillemiin* no laboratório.

3.1.3 Equipamentos

Higrómetro, lâmpada Ultravoilet, microscópio binocular com escala micrómetro e compasso Vernier.

3.1.4 Objectos de vidro e outros materiais diversos

Frascos de vidro, placas de petri de vários tamanhos, lentes de aumento, escova de cabelo macia, tecido de musselina, elástico, lâmina, mel, proteinex e grânulos de levedura.

3.2 Criação de Predadores e Preys

3.2.1 Criação da *Corcyra cephalonica*

Para obter ovos de *Corcyra cephalonica* durante todo o período experimental, a cultura foi multiplicada em grande escala em condições laboratoriais, a fim de ter um fornecimento contínuo como alimento para *Chrysoperlazastrowisillemi*. A cultura foi mantida com uma dieta artificial à base de sorgo. Os ovos eram recolhidos diariamente e passados através de uma peneira de 30 mesh. Depois estes ovos limpos peneirados foram esterilizados sob raios ultravioleta 15 watt durante 45 minutos, mantendo-se a uma distância de 20 cm entre a lâmpada e os ovos. Estes ovos foram então utilizados como alimento para a criação de predadores.

3.2.2 Aquisição de hospedeiros de diferentes culturas

Couves, algodão e afídeos de cártamo foram recolhidos em campos livres de pesticidas localizados no Departamento de Entomologia Agrícola, Parbhani. A variedade local de feijão-frade foi semeada numa pequena parcela para obtenção de afídeos. Esta parcela foi mantida sem tratamento. Estes afídeos eram recolhidos diariamente destas parcelas com a ajuda de escova de pêlo de camelo em frascos que eram utilizados para a alimentação.

3.2.3 Criação de *Chrysoperlazastrowisillemi*

A criação em massa de *Chrysoperlazastrowisillemiw foi* feita em laboratório para obter cultura pura, higiénica e necessária. A cultura inicial de ovos de *Chrysoperlazastrowisillemiw foi* obtida no ICAR - NBAIR (National Bureau of Agricultural Insect Resources) Bangalore, Karnataka, Índia. Foi multiplicado em ovos de *Corcyra cephalonicafor para o* prosseguimento dos procedimentos da experiência.

Os ovos de *Chrysoperlazastrowisillemiw foram* guardados num recipiente para incubação. Após a eclosão, as larvas até à pupa foram alimentadas com ovos de *Corcyra cephalonica*. Imediatamente após a emergência dos adultos, foram transferidos para a câmara de oviposição. Os adultos eram alimentados com pólen de rícino e cotonetes mergulhados em água potável, 50% de solução de mel, e mistura de proteex (partes iguais de proteex, mel, e levedura com uma pequena quantidade de água) mantida nas tampas dos recipientes de plástico.

A gaiola da oviposição era embrulhada com folha de papel preto por dentro e era substituída todos os dias. Estava coberta com um pano na parte superior. A fêmea adulta começa a pôr ovos na folha de papel preto e estas folhas eram substituídas diariamente. Os caules dos ovos das folhas de papel preto eram cortados com lâmina afiada e os ovos eram transferidos para frascos de plástico. Estes ovos acabados de pôr foram utilizados para estudo posterior.

Placa 3.1 : Plantas hospedeiras mostrando infestação de pulgão

Placa 3.2 : Fases da vida do *Chrysoperla*

zastrowi sillemi

30

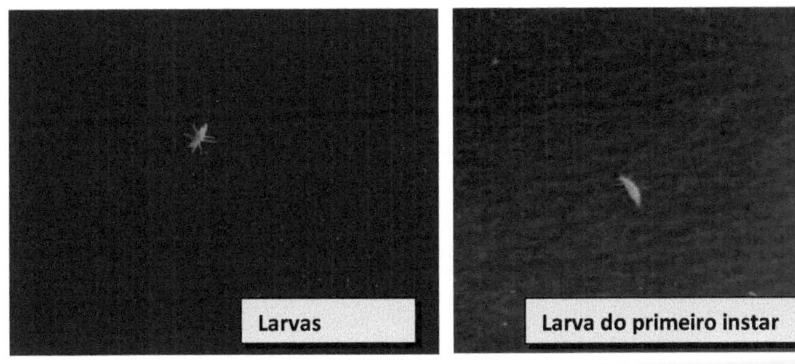

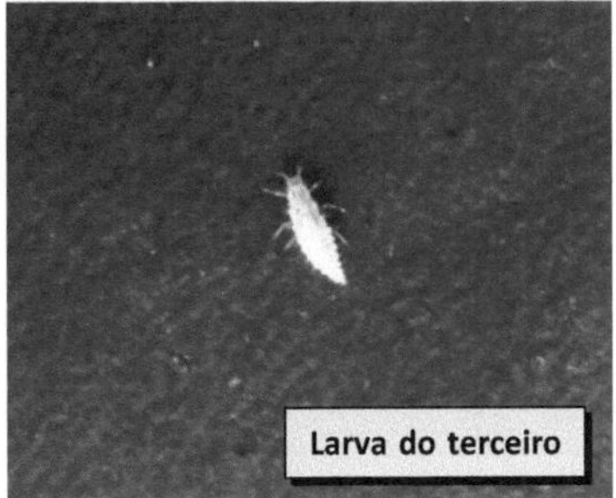

Placa 3.3 : Instares larvais de *Chrysperla zastrowi sillemi*

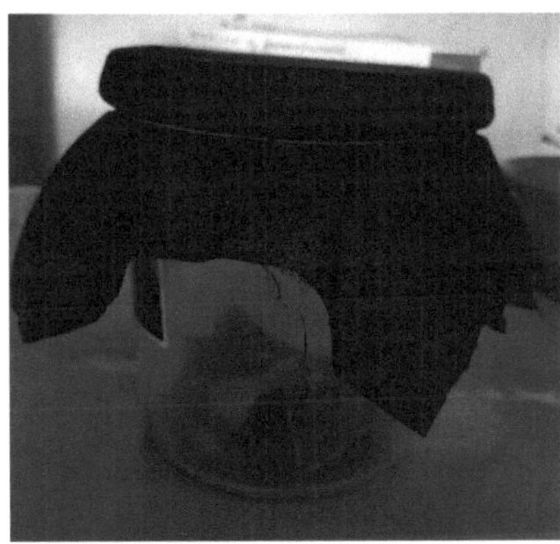

Placa 3.4 : Criação da *Chrysoperla zastrowi sillemi*

3.3 Detalhes experimentais

Para estudar a biologia e o potencial de alimentação do Chrysoperlazastrowisillemi,, a experiência foi exposta como detalhado abaixo:

Concepção da experiência : Desenho completamente aleatorizado (CRD)

Número de réplicas : 5 (Cinco)

Número de tratamentos : 6 (Seis)

3.3.1 Detalhes do tratamento

Sr. Não.	Símbolo de tratamento	Detalhes do tratamento
1.	T_1	Ovos esterilizados de *Corcyra cephalonica*
2.	T_2	Ovos não esterilizados de *Corcyra cephalonica*
3.	T_3	Pulgão de repolho, *Brevicorynebrassicae*
4.	T_4	Pulgão de feijão-frade, *Aphis craccivora*
5.	T_5	Pulgão de algodão, *Aphis gossypii*
6.	T_6	Pulgão de Safflower, *Uroleuconcompositae*

3.4 Metodologia

3.4.1 Estudos biológicos

Os estudos biológicos de *Chrysoperlazastrowisillemi* foram conduzidos de uma forma completamente aleatória que foi replicada cinco vezes com tratamentos de ovos esterilizados e não esterilizados de *Corcyra cephalonica, Aphis gossypii, Aphis craccivora ,Brevicorynebrassicae e Uroleuconcompositae.*

Cem ovos de *Chrysoperlazastrowisillemi* acabados de pôr foram alojados em cinco placas de Petri até à eclosão. Cada replicação tem um total de 20 ovos. Individualmente, as larvas recém eclodidas foram criadas em recintos plásticos limpos nas suas respectivas presas. A dieta das larvas foi mudada todos os dias até passarem a pupas. Foram mantidas numa câmara de oviposição após a emergência dos adultos e alimentadas diariamente com pólen de rícino e cotonetes mergulhados em água potável, solução de mel a 50%, e combinação proteinex. A superfície interior e o topo da gaiola de oviposição foram cobertos com papel preto de algodão para actuar como substrato. Cada fêmea foi contada pelo número de ovos depositados até à sua morte.

Após o período de oviposição, os adultos masculinos e femininos foram separados para registar a sua longevidade. Os adultos foram classificados como machos ou fêmeas com base na espessura do seu abdómen. Os machos têm um abdómen estreito e fino, enquanto as fêmeas têm um abdómen protuberante.

O índice de crescimento foi calculado utilizando a fórmula de Howe (1953).

$$\text{Índice de crescimento} = \frac{\text{Por cento de larvas pupadas}}{\text{Duração média da larva (dias)}}$$

3.4.2 Potencial de alimentação

Os estudos sobre o potencial alimentar dos ovos de *Chrysoperlazastrowisillemion* esterilizados e não esterilizados de *Corcyra cephalonica, Aphis gossypii, Aphis craccivora, Brevicorynebrassicae* e *Uroleuconcompositaewerealizados* em condições laboratoriais.

Cinquenta larvas de *Chrysoperlazastrowisillemicomprising* de 10 larvas em cada réplica foram utilizadas para se alimentarem de presas *a saber,* ovos esterilizados e não esterilizados de *Corcyra cephalonica, Aphis gossypii, Aphis craccivora, Brevicorynebrassicae* e *Uroleuconcompositaeseparately.* As larvas predadoras foram alimentadas com um número conhecido de presas até passarem a pupas.

3.5 Observações a serem registadas

As observações sobre vários parâmetros biológicos e alimentares foram registadas diariamente. As observações de larvas individuais são registadas separadamente durante todo o período experimental, com base nos seguintes parâmetros:

3.5.1 Período de incubação

Para o estudo do período de incubação, os ovos recém-pousados obtidos de diferentes tratamentos foram transferidos para placas de Petri. Foram registadas as observações sobre o tempo total necessário para eclodir os ovos. O número de dias necessários para a eclosão dos ovos é designado como período de incubação.

3.5.2 Por cento de eclosão de ovos

O número de ovos eclodidos foi registado para calcular a percentagem de eclodibilidade em cada tratamento.

3.5.3 Duração das larvas

A larva recém emergida foi transferida para a caixa plástica limpa individual. Estas larvas foram examinadas diariamente para registar a muda. A presença de exuviae larvar mostra que as larvas progrediram para o instar seguinte. O período de tempo entre dois instares foi registado e dado como período larvar instar sábio.

3.5.4 Por cento de larvas pupadas

Dentro dos mesmos frascos de plástico, as larvas foram autorizadas a pupar e o número de larvas pupadas foi contado para determinar a percentagem de larvas pupadas.

3.5.5 Duração do pupal

Os novos centococons foram marcados para registar o aparecimento de adultos. A fase pupal foi definida como o tempo entre a centrifugação do coccon e a emergência do adulto.

3.5.6 Emergência de adultos

Para cada tratamento, o número de adultos que emergiram do número total de pupas foi registado separadamente.

3.5.7 Período de pré-oviposição

Após o surgimento de adultos de cachorro foram transferidos para a gaiola de oviposição e diariamente receberam uma dieta apropriada. O período desde o acasalamento dos adultos até ao início da postura dos ovos foi registado e considerado como período de pré-oviposição.

3.5.8 Período de oviposição

O período desde o início da postura de ovos pela fêmea até à paragem da postura foi registado e considerado como período de oviposição.

3.5.9 Fecundidade

A fecundidade da fêmea foi definida como o número total de ovos postos pela fêmea ao longo de toda a fase de oviposição. Foi calculado através do cálculo do número médio de óvulos depositados pela fêmea.

3.5.10 Longevidade dos adultos

A longevidade dos adultos foi observada tanto em machos como em fêmeas. A longevidade dos adultos foi definida como o tempo entre a emergência dos adultos de casulos e o seu desaparecimento.

3.5.11 Duração do ciclo de vida

O número de dias desde o ovo até ao adulto foi considerado como ciclo de vida e a sua duração foi registada.

3.5.12 Índice de crescimento

Foi calculado utilizando a fórmula de Howe (1953).

$$\text{Índice de crescimento} = \frac{\text{Por cento de larva filhada}}{\text{Duração média da larva (dias)}}$$

3.5.13 Potencial de alimentação

As larvas predadoras individuais receberam uma quantidade conhecida de hospedeiro individual. O número de presas utilizadas por larvas individuais de *Chrysoperlazastrowisillemi* foi notado através da contagem do número de presas utilizadas e não utilizadas. Assim, o potencial de alimentação foi notado.

CAPÍTULO - IV
RESULTADOS E DISCUSSÃO

RESULTADOS E DISCUSSÃO

O estudo actual intitulado, "Biologia e potencial alimentar de *Chrysoperlazastrowisillemi* (Esben-petersen)sobre diferentes hospedeiros" foi realizado no Laboratório de Investigação em Parasitologia de Insectos, Departamento de Entomologia Agrícola, VNMKV, Parbhani durante 2020-2021. A investigação foi realizada para encontrar o hospedeiro adequado para a produção em massa de *Chrysoperlazastrowisillemi*. As observações registadas como parte deste estudo foram analisadas estatisticamente para concluir os resultados significativos. Os dados registados juntamente com as discussões foram inferidos neste capítulo com os seguintes objectivos:

4.1 Biologia de *Chrysoperlazastrowisillemi*

4.2 Potencial de alimentação de *Chrysoperlazastrowisillemi*

4.1 Biologia de *Chrysoperlazastrowisillemi*

4.1.1 Período de incubação

Os dados sobre o período médio de incubação de *Chrysoperlazastrowisillemiobtained* por alimentação de diferentes hospedeiros foram estatisticamente significativos e apresentados no Quadro 4.1.

Chrysoperlazastrowisillemishowed período de incubação mais baixo de 3,84 dias quando alimentado com *Aphis craccivorawhich* estava ao nível dos ovos não esterilizados de *Corcyra cephalonica*(3,87 dias) e *Aphis gossypii* (4,02 dias). Estes foram seguidos por *Brevicorynebrassicae*(4,07 dias), ovos esterilizados de Corcyra *cephalonica*(4,22 dias) e o mais alto foi notado para *Uroleuconcomposita com* 4,41 dias, o que foi inferior ao resto dos tratamentos.

Os resultados obtidos na presente investigação são confirmados com as conclusões de vários trabalhadores. Balakrishnan *et al.* (2005) relataram que o período de incubação de *Chrysoperlacarneawas foi de* 2,70 dias, o que foi superior ao resto dos tratamentos quando criados em *Aphis craccivora.*

Adane e Gautam (2002) relataram que a duração mínima dos ovos de *Chrysoperlacarnearecordados* para *Aphis craccivorawith é de* 3,7 dias.

Quadro 4.1: Período médio de incubação dos diferentes hospedeiros de *Chrysoperlazastrowisillemion*

Tratamentos	Período de incubação (Dias)						
	RI	RII	RIII	RIV	RV	Total	Média
T_1 - Ovos nãosterilizados de *Corcyracephalonica*	3.84	3.89	3.77	3.88	3.95	19.33	3.87
T_2 - Ovos esterilizados de *Corcyra cephalonica*	4.1	4.16	4.28	4.23	4.35	21.12	4.22
T_3 - *Brevicorynebrassicae*	3.84	4.25	4.38	4.11	3.77	20.35	4.07
T_4 - *Aphis gossypii*	3.94	4.11	4.00	3.77	4.29	20.11	4.02
T_5 - *Aphis craccivora*	3.66	4.17	3.88	3.76	3.75	19.22	3.84
T_6 - *Uroleuconcompositae*	4.43	4.58	4.43	4.27	4.33	22.04	4.41
S.E± 0.07 C.D.a5% 0.22 C.V.(%) 4,17							

4.1.2 Percentagem de eclosão dos ovos

Uma análise dos dados apresentados no Quadro 4.2 revelou que a percentagem de eclosão de ovos foi estatisticamente significativa com uma percentagem média de 94,77 quando criados em ovos não esterilizados de *Corcyra cephalonica superior a* outros tratamentos seguidos de ovos esterilizados de *Corcyra cephalonica*(91).05 por cento), *Aphis craccivora*(89,89 por cento), *Aphis gossypii* (86,35 por cento), *Brevicorynebrassicae*(84,18 por cento) e a percentagem mais baixa de eclosão de ovos foi registada em *Uroleuconcompositae* com 78,77 por cento.

Estes resultados estão de acordo com os de Narukaet *al.* (2017) que relataram que a percentagem de eclosão de ovos de *Chrysoperlazastrowi arabica* era de 94,99 por cento em *Corcyra cephalonica e* 90,81 por cento em *Aphis craccivora.*

Naruka e Ameta (2015) registaram uma percentagem de eclosão de ovos de *Chrysoperlazastrowisillemias* 88,90 por cento em *Corcyra cephalonica e* 86,69 por cento em *Aphis gossypii.* Mhaskeet *al.* (2017) registou 89 por cento de eclosão de ovos em *Aphis gossypii.*

Quadro 4.2: Percentagem média de eclosão de ovos de *Chrysoperlazastrowisillemion* diferentes hospedeiros

Tratamentos	Eclodibilidade dos ovos (%)						
	RI	RII	RIII	RIV	RV	Total	Média
T_1 - Ovos não esterilizados de *Corcyra cephalonica*	93.52	94.68	95.3	95.89	94.48	473.87	94.77
T_2 - Ovos esterilizados de *Corcyra cephalonica*	90.24	91.58	91.47	90.75	91.22	455.26	91.05
T_3 - *Brevicorynebrassicae*	84.21	83.75	86.12	82.54	84.3	420.92	84.18
T_4 - *Aphis gossypii*	87.98	85.46	86.67	86.48	85.16	431.75	86.35
T_5 - *Aphis craccivora*	90.1	89.48	89.45	90.74	89.69	449.46	89.89
T_6 - *Uroleuconcompositae*	76.94	80.2	79.42	79.15	78.12	393.83	78.77

S.E± 0.44

C.Dat5% 1.29

C.V.(%) 1,13

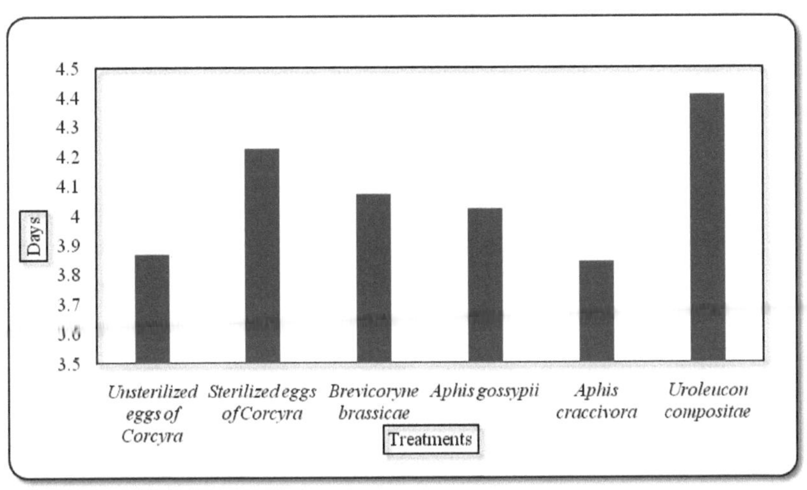

Fig. 4.1: Período de incubação dos diferentes anfitriões de *Chrysoperla zastrowi sillemion*

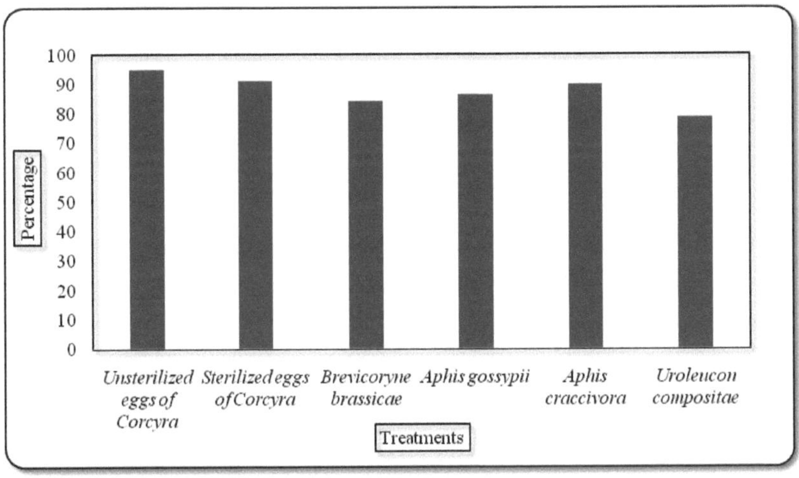

Fig. 4.2 Percentagem de eclosão de ovos de *Chrysoperla zastrowi sillemion* diferentes hospedeiros

41

4.1.3 Período larval

Os dados relacionados com a duração do instar larvar foram apresentados na Tabela 4.3, que indicava que eram estatisticamente significativos um para o outro.

A duração do primeiro instar larvar foi mais baixa quando alimentado com ovos não esterilizados de *Corcyra cephalonica*with 2,63 dias expressando significativamente superior ao resto dos tratamentos, enquanto outros tratamentos registados como 2,89 dias para ovos esterilizados de *Corcyra cephalonica*, 3,32 dias para *Brevicorynebrassicae,* 3,31 dias para *Aphis gossypii,* 3,10 dias para *Aphis craccivora* e 3,44 dias para *Uroleuconcompositae.*

Ordem decrescente de mérito para a primeira duração larvar foi ovos não esterilizados de *Corcyra cephalonica*> Ovos esterilizados de *Corcyra cephalonica*> *Aphis craccivora*> *Aphis gossypii* > *Brevicorynebrassicae*> *Uroleuconcompositae* com 2,63, 2,89, 3,10, 3,31, 3,32 e 3,44 dias, respectivamente.

Os resultados obtidos nesta experiência confirmaram as descobertas de Vivek *et al.* (2013) e relataram que a duração larvar das larvas do primeiro instar de *Chrysoperlacarneawas foi de* 2,7 dias quando alimentadas com *Corcyra cephalonicaeggs*, o que foi quase semelhante à investigação actual, *ou seja,* 2,63 dias.

A duração larvar mais baixa do segundo instar foi observada em ovos não esterilizados de *Corcyra cephalonica* com 2,77 dias que estava ao nível dos ovos esterilizados de *Corcyra cephalonica* (2,78 dias), *Aphis craccivora*(2,91 dias) e *Brevicorynebrassicae*(2,94 dias). Estes foram seguidos por *Aphis gossypii* de 3,05 dias e *Uroleuconcompositae de* 3,02 dias. *O Uroleuconcompositaerecorded* duração mais elevada indicou não ser adequado como hospedeiro de larvas predadoras.

Segunda duração larvar instar da *Chrysoperlazastrowisillemi com* ordem decrescente de mérito foi ovos não esterilizados de *Corcyra cephalonica*> Ovos esterilizados de *Corcyra cephalonica*> *Aphis craccivora*> *Brevicorynebrassicae*> *Uroleuconcompositae*> *Aphis gossypii* com 2,77, 2,78, 2,91, 2,94, 3,02 e 3,05 dias, respectivamente.

Resultados semelhantes foram também relatados por Chakraborty e Korat (2010 b) que avaliaram *Chtysoperlacarneaagainst Corcyra cephalonica*,registaram o segundo instar larvar como 2,72 ± 0,09 dias e Kubavat*et al.* (2017) também relataram que a duração do segundo instar larvar variou de 2 - 4 com média de 2,86 ± 0,63 dias em *Corcyra cephalonica*.

Vivek *et al.* (2013) e Kumari *et al.* (2020) observaram resultados sobre *Aphis gossypii* com duração larvar de segundo instar de 3,10 ± 0,13 e 3,1 ± 0,1 dias, respectivamente, que foram quase semelhantes aos resultados apresentados, ou *seja,* 3,05 dias.

A duração mínima da larva do terceiro instar foi observada quando alimentada com ovos não esterilizados de *Corcyra cephalonica com* 3,60 dias, o que foi superior ao resto dos tratamentos enquanto os ovos esterilizados de *Corcyra cephalonica*(3,79 dias). Estes foram seguidos por *Brevicorynebrassicae* (4,24 dias), *Aphis gossypii* (4,22 dias), *Aphis craccivora* (4,08 dias) e *Uroleuconcompositae* (4,70 dias).

A terceira duração larvar instar da *Chrysoperlazastrowisillemi com* ordem decrescente de mérito foi ovos não esterilizados de *Corcyra cephalonica*> Ovos esterilizados de *Corcyra cephalonica*> *Aphis craccivora*> *Aphis gossypii* > *Brevicorynebrassicae*> *Uroleuconcompositae* com 3,60, 3,79, 4,08, 4,22, 4,24 e 4,70 dias respectivamente.

Os resultados obtidos nesta experiência foram confirmados pelos resultados de Kumar *et al.* (2014) que relataram que a duração da larva do terceiro instar era de 3,51 dias quando criados em ovos de *Corcyra cephalonica* que eram quase semelhantes aos resultados apresentados. Naruka e Ameta (2015) também relataram que a duração da larva do terceiro instar era de 3,39 dias quando alimentados com *ovos de Corcyra cephalonica*.

Estes resultados da duração média das larvas do primeiro, segundo e terceiro instantes são corroborantes com os resultados confirmativos relatados por investigadores anteriores.

Subhan (2010) relatou a duração larvar do primeiro, segundo e terceiro instar de *Chrysoperlacarnearanged* de 2,54 a 3,92 dias, respectivamente quando criado com ovos não esterilizados de *Corcyra cephalonica* e 3,13 a 4,57 dias quando alimentado com ovos esterilizados de *Corcyra cephalonica*.

Vivek *et al.* (2013) relataram a duração larvar do primeiro, segundo e terceiro instar da *Chrysoperlacarnea* como 2,8±2,80, 3±0,16 e 3,2±0,12 dias, respectivamente em ovos de *Corcyra cephalonica*.

Dhepe (2001) registou a duração das larvas de *Chrysoperlacarneaas* 2,21, 2,05 e 2,65 dias, respectivamente em ovos de *Corcyra cephalonica*.

Quadro 4.3: Duração média das larvas de *Chrysoperlazastrowisillemi* em diferentes hospedeiros

Tratamentos	Duração do instar larval (dias)		
	I	II	III
T_1 - Ovos nãoesterilizados de *Corcyra cephalonica*	2.63	2.77	3.60
T_2 - Ovos esterilizados de *Corcyra cephalonica*	2.89	2.78	3.79
T_3 - *Brevicorynebrassicae*	3.32	2.94	4.24
T_4 - *Aphis gossypii*	3.31	3.05	4.22
T_5 - *Aphis craccivora*	3.10	2.91	4.08
T_6 - *Uroleuconcompositae*	3.44	3.02	4.70
S.E ±	0.05	0.07	0.07
C.D a 5%	0.14	0.21	0.21
C.V (%)	3.43	5.47	3.91

Os dados sobre a duração larvar média do *Chrysoperlazastrowisillemi* apresentados na Tabela 4.4 foram encontrados estatisticamente significativos. A duração larvar mais curta foi observada em ovos não esterilizados de *Corcyra cephalonicawith* 9 dias encontrados superiores a outros tratamentos seguidos por ovos esterilizados de *Corcyra cephalonica*(9,46 dias), *Aphis craccivora*(10,10 dias), *Brevicorynebrassicae*(10,50 dias), *Aphis gossypii* (10,59 dias) e a duração larvar mais elevada registada em *Uroleuconcompositae* (11,17 dias) que foi inferior a todos estes tratamentos.

As presentes descobertas são semelhantes com o resultado de Bulukrlahnan *et al.* (2005) que registaram a duração larvar dos ovos de *Chrysoperlacarneaon* de *Corcyra cephaonicaas* 9,25 dias e Naruka e Ameta (2015) registaram o período larvar como 9,18 dias em *Corcyra cephalonica.*

Vivek *et al.* (2013) registaram a duração larvar de *Chryoperlacarnea*8,8 ± 0,25 dias em *Corcyra cephaonica* e Halder e Rai (2014) registaram a duração larvar de 9,90 ± 0,47 dias em *Corcyra cephalonica.*

Quadro 4.4: Duração larvar total média do *Chrysoeprlazastrowisillemi* em diferentes hospedeiros

Tratamentos	Duração Larval Total (Dias)						
	RI	RII	RIII	RIV	RV	Total	Média
T_1 - Ovos nãosterilizados de *Corcyra cephalonica*	8.91	8.8	9.42	9.19	8.68	45.00	9.00
T_2 - Ovos esterilizados de *Corcyra cephalonica*	9.19	9.58	9.93	9.08	9.54	47.32	9.46
T_3 - *Brevicorynebrassicae*	10.16	10.54	10.6	10.71	10.47	52.48	10.50
T_4 - *Aphis gossypii*	10.09	10.43	10.72	10.87	10.84	52.95	10.59
T_5 - *Aphis craccivora*	9.98	10.08	10.16	10.24	10.02	50.48	10.10

T6 _Uroleuconcompositae_	-	10.83	11.37	11	11.39	11.24	55.83	11.17
S.E± 0.12								
C.Dat5% 0.35								
C.V(%) 2,63								

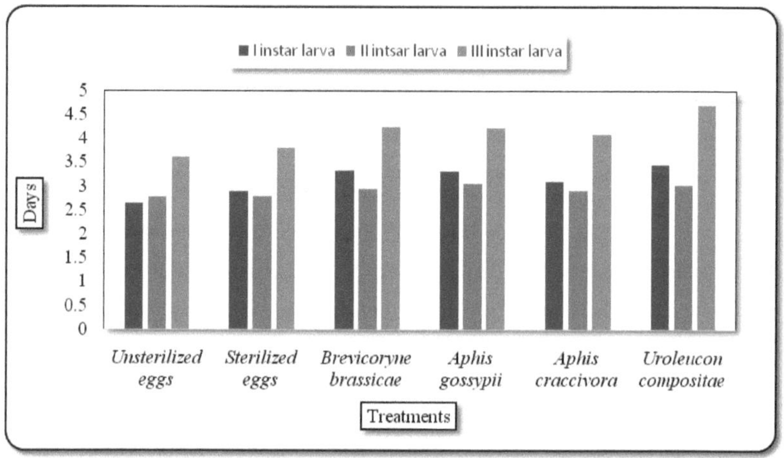

Fig. 4.3: Duração do instar larval do _Chrysoperlazastrowisillemion_ diferentes anfitriões

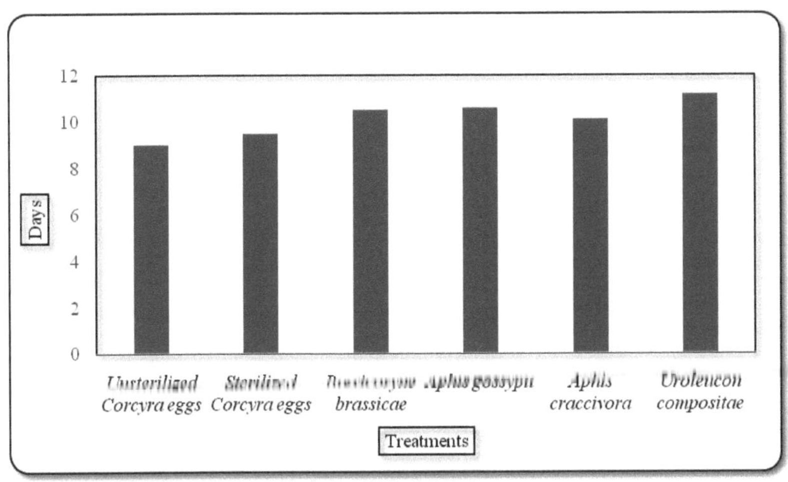

Fig. 4.4: Duração larvar total do *Chrysoperlazastrowisillemion*

diferentes anfitriões

4.1.4 Por cento de larvas pupadas

Os dados relativos a por cento de larvas pupadas apresentados no Quadro 4.5 foram encontrados estatisticamente significativos. As maiores larvas pupadas foram encontradas quando alimentadas com ovos não esterilizados de *Corcyra cephalonicawith* 89,12%, seguidas por ovos esterilizados com 86,48%, *Aphis gossypii* 81,7%, *Brevicorynebrassicae79,44%*, *Aphis craccivora78,94%* e a menor percentagem de larvas pupadas foram observadas quando alimentadas com *Uroleuconcompositae74,5%*.

Os resultados obtidos nesta experiência foram confirmados pelos resultados de Bhujabal (2010) que registou 88 por cento quando *Chrysoperlacarneawas foi* criado em ovos não esterilizados de *Corcyra cephalonica*.

Nestes estudos, por cento das larvas filhotes de cachorro em Aphis gossypii era de 81,7 por cento. Este resultado foi semelhante às descobertas de

Mhaskeet al. (2017) que relatou por cento de larvas filhotes de Chrysoperlazastrowisillemion Aphis gossypii com 81,94 por cento.

Tratamentos	Larvas pupadas (%)						
	RI	RII	RIII	RIV	RV	Total	Média
T$_1$ - Ovos nãosterilizados de *Corcyra cephalonica*	89.4	84.2	94.4	88.2	89.4	445.6	89.12
T$_2$ - Ovos esterilizados de *Corcyra cephalonica*	84.2	94.4	83.3	82.3	88.2	432.4	86.48
T$_3$ - *Brevicorynebrassicae*	84.2	81.2	77.7	76.4	77.7	397.2	79.44
T$_4$ - *Aphis gossypii*	83.3	77.7	76.4	88.8	82.3	408.5	81.70
T$_5$ - *Aphis craccivora*	77.7	76.4	83.3	82.3	75	394.7	78.94
T$_6$ - *Uroleuconcompositae*	81.2	76.4	75	73.3	66.6	372.5	74.5

S.E± 1.95

C.Dat 5% 5,70

C.V. (%) 5,34

Quadro 4.5: Larvas médias por cento pupadas de *Chrysoperlazastrowisillemi*

4.1.5 Índice de crescimento

Os dados apresentados no Quadro 4.6 representam o crescimento o índice de crescimento mais elevado foi observado em ovos não esterilizados de *Corcyra cephalonicawith* 9.90 seguido de ovos esterilizados 9.14. *Aphis craccivorawas* em paridade com *Aphis gossypii. O* índice de crescimento de *Aphis craccivora e Aphis gossypii* foi de 7,82 e 7,72 respectivamente, enquanto que *Brevicorynebrassicae*7,57 e o mais baixo foi observado em *Uroleuconcompositae*6,68.

Os resultados actuais corroboram com os dos investigadores anteriores. O índice de crescimento de *Chrysoperlazastrowisillemi*, segundo Halder e Rai (2014) foi de 10,02 ± 0,51 em *Corcyra cephalonica*. Subhan (2007) registou o maior índice de crescimento de *Chrysoperlacarneaon* ovos não esterilizados de

Corcyra cephalonica com 9,14. Mhaskeet *al.* (2017) relatou índice de crescimento de *Chrysoperlazastrowisillemion Aphis gossypii* 7,21 que foi relacionado com o presente estudo sobre *Aphis gossypii* com 7,72.

Tratamentos	Índice de crescimento						
	RI	RII	RIII	RIV	RV	Total	Média
T_1 - Ovos nãosterilizados de *Corcyra cephalonica*	10.03	9.57	10.02	9.6	10.3	49.52	9.90
T_2 - Ovos esterilizados de *Corcyra cephalonica*	9.16	9.85	8.39	9.06	9.23	45.71	9.14
T_3 - *Brevicorynebrassicae*	8.29	7.7	7.33	7.13	7.42	37.87	7.57
T_4 - *Aphis gossypii*	8.26	7.45	7.13	8.17	7.59	38.6	7.72
T_5 - *Aphis craccivora*	7.78	7.58	8.2	8.04	7.49	39.09	7.82
T_6 - *Uroleuconcompositae*	7.5	6.71	6.82	6.44	5.93	33.41	6.68

S.E± 0.21

C.Dat 5% 0.59

C.V. (%) 5,54

Quadro 4.6: Índice de crescimento médio do *Chrysoperlazastrowisillemi* em diferentes hospedeiros

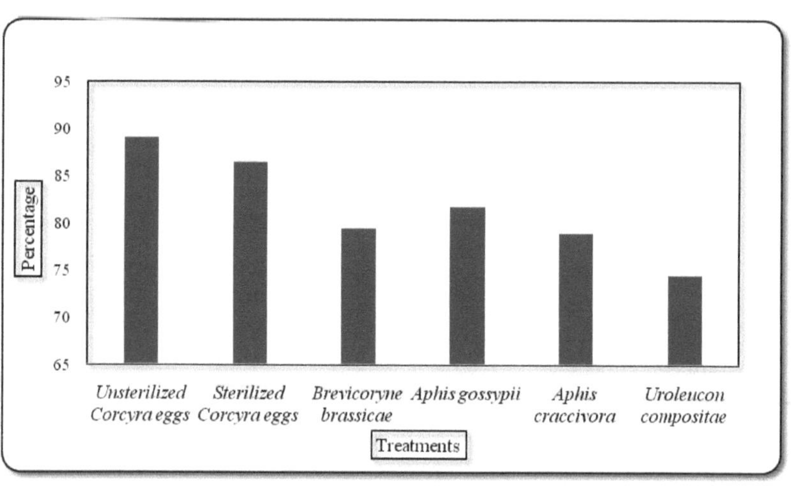

Fig. 4.5: Por cento de larvas pupadas de *Chrysoperlazastrowisillemi* em diferentes anfitriões

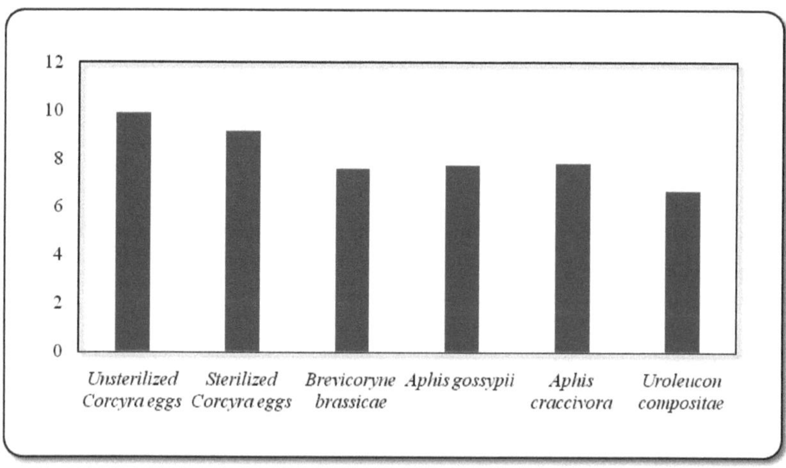

Fig. 4.6: Índice de crescimento de *Chrysoperlazastrowisillemi* em diferentes anfitriões

50

4.1.6 Duração do pupal

Os dados apresentados na Tabela 4.7 relacionados com a duração pupal de *Chrysoperlazastrowisillemiw foram* considerados estatisticamente significativos. A menor duração da pupa foi notada quando criada em ovos não esterilizados de *Corcyra cephalonicawith* 5,43 dias superior a outros tratamentos seguidos de ovos esterilizados com 6,26 dias, *Aphis gossypii* 6,93 dias, *Aphis craccivora*7,27 dias, *Brevicorynebrassicae*7,52 dias e a maior duração foi registada em *Uroleuconcompositae*8,14 dias.

Resultados semelhantes foram também relatados por Chakraborty e Korat (2010) que registaram a duração pupal de *Chrysoperlacarneaon Corcyra cephalonicaas* 5,80 ± 0,11 dias. Nandan *et al.* (2014) também registaram a duração pupal da *Chrysoperlazastrowisillemion Corcyra cephalonicaas* 5,88 ± 0,23 dias, o que foi semelhante aos resultados apresentados.

Nandan *et al.* (2014) relataram duração pupal de *Chrysoperlazastrowisillemi*7,59 dias em *Brevicorynebrassicae,* semelhante aos resultados actuais 7,52 dias.

Quadro 4.7: Duração média de Chrysoperlazastrowisillemi em diferentes hospedeiros

Tratamentos	Duração pupal (Dias)						
	RI	RII	RIII	RIV	RV	Total	Média
T_1 - Ovos nãosterilizados de *Corcyra cephalonica*	5.23	5.37	5.58	5.46	5.52	27.16	5.43
T_2 - Ovos esterilizados de *Corcyra cephalonica*	6.12	6.00	6.30	6.57	6.33	31.32	6.26
T_3 - *Brevicorynebrassicae*	7.62	7.46	7.64	7.38	7.50	37.6	7.52
T_4 - *Aphis gossypii*	6.93	7.00	6.76	7.37	6.57	34.63	6.93
T_5 - *Aphis craccivora*	7.35	7.23	7.46	7.00	7.33	36.37	7.27
T_6 - *Uroleuconcompositae*	8.15	8.23	8.00	8.18	8.16	40.72	8.14

S.E± 0.08

C.Dat 5% 0.24
C.V. (%) 2,67

4.1.7 Emergência de adultos

Os dados apresentados no Quadro 4.8 mostraram que a emergência adulta mais elevada foi observada no caso de ovos não esterilizados de *Corcyra cephalonica*86,96 por cento, seguidos por ovos esterilizados de *Corcyra cephalonica.* Estes foram seguidos por *Brevicorynebrassicae*(82,46 por cento), *Aphis gossypii* (84,79 por cento), *Aphis craccivora*(80,91 por cento) e a emergência adulta mais baixa em *Uroleuconcompositae*76,60 foi inferior ao resto dos tratamentos.

As presentes descobertas são semelhantes com os resultados de Naruka e Ameta (2015) que relataram a emergência de adultos como 92,05 por cento em que Geethalakshmiet *al.* (2000) registou 80,0 ± 2,5 por cento quando alimentado com ovos de *Corcyra cephalonica.*

O aparecimento adulto de Chrysoperlazastrowisillemion Aphis gossypii foi 84,79 por cento, o que foi semelhante às conclusões de Mhaskeet al., (2017) com 80,17 por cento sobre Aphis gossypii.

Tratamentos	Emergência de adultos (%)						
	RI	RII	RIII	RIV	RV	Total	Média
T_1 - Ovos nãosterilizados de *Corcyra cephalonica*	88.23	93.75	88.23	86.67	94.11	450.99	90.20
T_2 - Ovos esterilizados de *Corcyra cephalonica*	87.5	88.24	86.67	85.71	86.67	434.79	86.96
T_3 - *Brevicorynebrassicae*	81.25	84.61	78.57	92.3	75.57	412.3	82.46
T_4 - *Aphis gossypii*	86.67	85.71	84.61	81.25	85.71	423.95	84.79
T_5 - *Aphis craccivora*	78.57	76.92	80.00	85.71	83.34	404.54	80.91
T_6 - *Uroleuconcompositae*	69.23	76.92	75.00	81.81	80.00	382.96	76.60
S.E± 1.78							
C.Dat 5% 5.21							

C.V. (%) 4,77	

Quadro 4.8: Emergência média de *Chrysoperlazastrowisillemi* em diferentes anfitriões

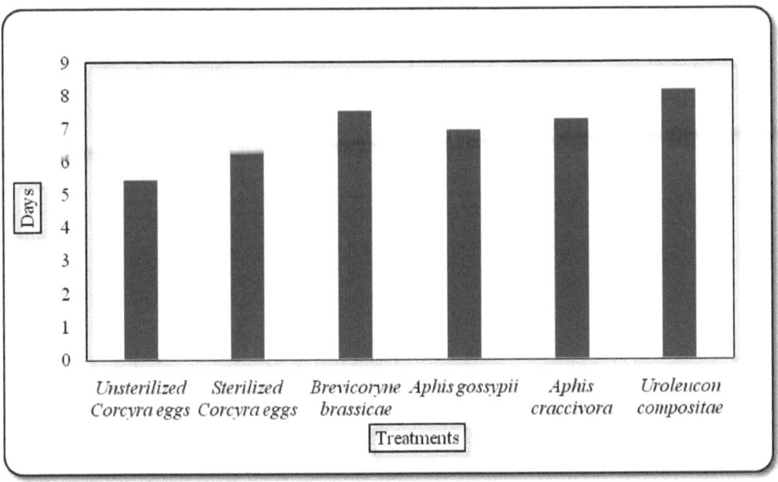

Fig. 4.7: Duração pupal do *Chrysoperlazastrowisillemi* em diferentes

Anfitriões

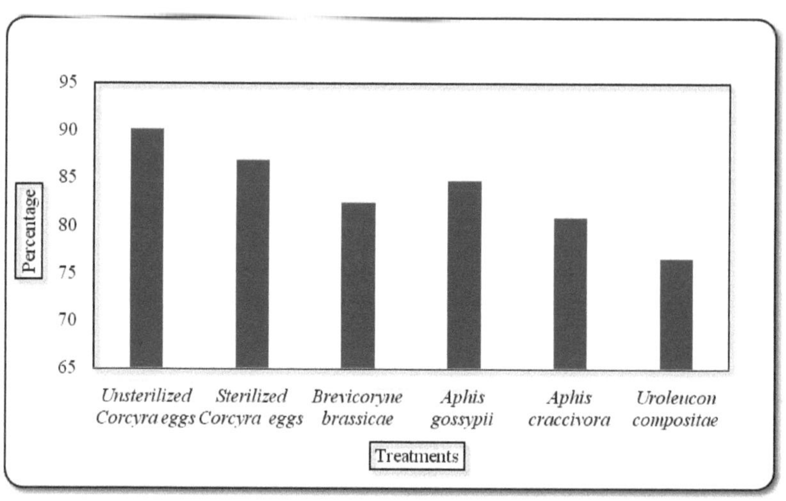

Fig. 4.8: Aparecimento adulto de *Chrysoperlazastrowisillemion* diferente Anfitriões

4.1.8 Período de desenvolvimento

Os dados relativos ao período de desenvolvimento total apresentados no Quadro 4.9 mostraram que o período de desenvolvimento mais baixo, de 18,30 dias, foi notado quando criados em ovos não esterilizados de *Corcyra cephalonica*, seguido de 20,03 dias em ovos esterilizados de *Corcyra cephalonica*. *Brevicorynebrassicaerecorded* 22,09 dias, *Aphis gossypii* 21,54 dias e *Aphis craccivora21*,21 dias, enquanto que o período de desenvolvimento mais alto foi quando criado em *Uroleuconcompositae* (23,72 dias).

As presentes descobertas foram discutidas de acordo com o trabalho de investigação realizado por vários cientistas, Adane e Gautam (2002) observaram que o período de desenvolvimento de *Chrysoperlacarneaon Corcyra cephalonica e Aphis craccivorawas* 18,92 e 21,35 dias, respectivamente.

Saminathanet al. (1999) registou que o período de desenvolvimento de Chrysoperlacarneaon Aphis gossypii foi de 20,45 dias e Chandana et al. (2020) registou 21,40 dias em Brevicorynebrassicae.

Tratamentos	Período de desenvolvimento (Dias)						
	RI	RII	RIII	RIV	RV	Total	Média
T_1 - Ovos nãosterilizados de *Corcyra cephalonica*	17.98	18.06	18.77	18.53	18.15	91.49	18.30
T_2 - Ovos esterilizados de *Corcyra cephalonica*	19.41	19.74	20.51	20.28	20.22	100.16	20.03
T_3 - *Brevicorynebrassicae*	21.62	22.25	22.62	22.2	21.74	110.43	22.09
T_4 - *Aphis gossypii*	20.96	21.54	21.48	22.01	21.7	107.69	21.54
T_5 - *Aphis craccivora*	20.99	21.48	21.5	21	21.1	106.07	21.21
T_6 - *Uroleuconcompositae*	23.41	24.18	23.43	23.84	23.73	118.59	23.72
S.E± 0.16							
C.Dat 5% 0.47							
C.V. (%) 1,72							

Quadro 4.9: Período médio de desenvolvimento dos diferentes anfitriões de *Chrysoperla zastrowi sillemion*

4.1.9 Período de pré-oviposição

Os dados apresentados no Quadro 4.10 representam que a duração mínima do período de pré-oviposição foi notada em ovos não esterilizados de *Corcyra cephalonica* com 4,47 dias superior ao resto dos tratamentos. A duração dos outros tratamentos foi de 5,15 dias em ovos esterilizados de Corcyra *cephalonica* ,*Brevicorynebrassicae*5,42 dias, *Aphis gossypii* 5,91 dias, *Aphis craccivora*4,73 dias e a duração máxima foi notada em *Uroleuconcompositae*6,46 dias, o que foi inferior a todos os tratamentos e não adequado para a produção em massa de *Chrysoperlazastrowisillemi*.

A presente investigação estava em conformidade com Geethalakshmiet *al.* (2000) que relatou o período de pré-oviposição da *Chrysoperlacarnea*4,0 ± 0,5 dias quando criada em *Corcyra cephalonica* e 4,50 dias foi registada por Subhan (2007).

Bhujabal (2010) relatou um período de pré-oviposição de 4,75 dias quando alimentado com ovos não esterilizados de Corcyra cephalonica.Adane e gautam (2002) observou uma pré-oviposição de Chrysoperlacarnea5,1 dias em Aphis craccivora.

Tratamentos	Período de pré-oviposição (Dias)						
	RI	RII	RIII	RIV	RV	Total	Média
T_1 - Ovos nãosterilizados de *Corcyra cephalonica*	4.12	4.50	4.33	4.57	4.83	22.35	4.47
T_2 - Ovos esterilizados de *Corcyra cephalonica*	4.85	5.16	5.00	5.33	5.42	25.76	5.15
T_3 - *Brevicorynebrassicae*	5.28	5.4	5.50	5.43	5.52	27.12	5.42
T_4 - *Aphis gossypii*	5.57	5.66	6.20	6.14	6.00	29.57	5.91
T_5 - *Aphis craccivora*	4.80	4.66	5.00	4.60	4.60	23.66	4.73
T_6 - *Uroleuconcompositae*	6.60	6.67	6.25	6.30	6.50	32.32	6.46

S.E± 0.10

C.Dat5% 0.28

C.V. (%) 4.01

Tabela 4.10: Período médio de pré-oviposição da *Chrysoperla zastrowi sillemi* em diferentes anfitriões

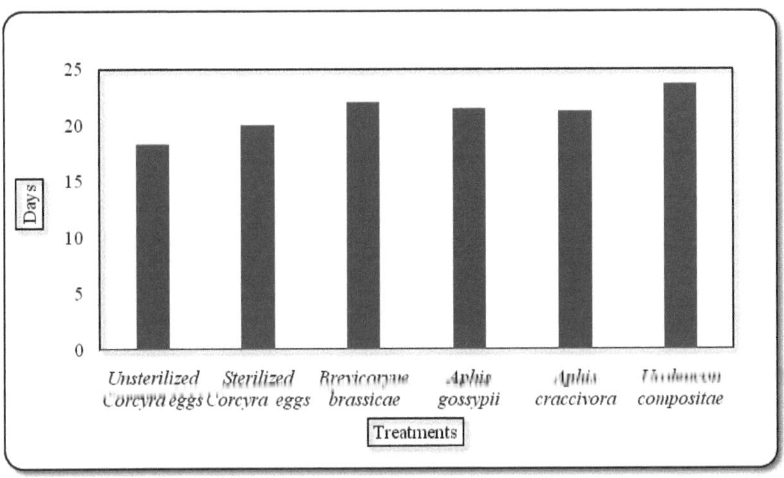

Fig. 4.9: Período total de desenvolvimento do *Chrysoperla zastrowi sillemion* diferentes anfitriões

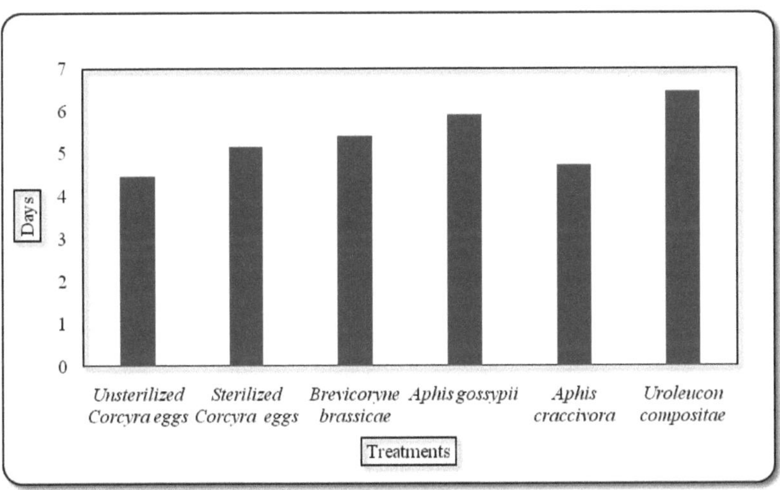

Fig. 4.10 Período de pré-oviposição do *Chrysoperla zastrowi sillemion* diferente hospedeiros

4.1.10 Período de oviposição

Os dados apresentados na Tabela 4.11 indicavam que o período de oviposição era estatisticamente significativo. Ovos não esterilizados de *Corcyra cephalonicarecorded* período de oviposição mais elevado com 29,57 dias, o que foi significativamente superior. Ovos esterilizados de Corcyra *cephalonicarecorded* 26,95 dias seguidos de *Aphis craccivora*(26 dias), *Brevicorynebrassicae*(23,78 dias), *Aphis gossypii* (22,83 dias). O período de oviposição mais baixo foi notado em *Uroleuconcompositae*(20,26 dias).

As presentes descobertas foram discutidas à luz da descoberta de Mhaskeet *al.,* (2017) que registou um período de oviposição de 23,40 dias e Mannan e Verma (1997) observaram 21,85 dias em *Aphis gossypii.*

Vivek et al. (2013) relataram um período de oviposição de Chrysoperlazastrowisillemi com 31,8 ± 0,86 dias em Corcyra cephalonica, 23,6 ± 0,87 dias em Aphis gossypii e 22,8 ± 0,66 dias em Aphis craccivora.

Tratamentos	Período de oviposição (Dias)						
	RI	RII	RIII	RIV	RV	Total	Média
T₁ - Ovos nãosterilizados de *Corcyra cephalonica*	30.00	29.60	28.77	30.00	29.50	147.87	29.57
T₂ - Ovos esterilizados de *Corcyra cephalonica*	27.43	26.66	27.16	26.66	26.85	134.76	26.95
T₃ - *Brevicorynebrassicae*	23.14	24.00	24.00	24.6	23.16	118.9	23.78
T₄ - *Aphis gossypii*	22.86	22.67	23.40	22.57	22.67	114.17	22.83
T₅ - *Aphis craccivora*	25.60	25.83	26.20	26.4	26.00	130.03	26.00
T₆ - *Uroleuconcompositae*	20.00	19.83	19.75	22.20	19.50	101.28	20.26
S.E± 0.27							
C.Dat 5% 0.79							
C.V. (%) 2,42							

Tabela 4.11 Período médio de oviposição da *Chrysoperlazastrowisillemion* diferentes hospedeiros

4.1.11 Longevidade masculina

Os dados apresentados na Tabela 4.12 relacionados com a longevidade masculina foram estatisticamente significativos. Os ovos não esterilizados de *Corcyra cephalonicas apresentaram a* maior longevidade.

Longevidade do macho em ordem decrescente de mérito foi ovos não esterilizados de *Corcyra cephalonica*> Ovos esterilizados de *Corcyra cephalonica*> *Aphis gossypii* > *Aphis craccivora*> *Brevicorynebrassicae*> *Uroleuconcompositae* com 39,65, 36,19, 34,58, 34,44, 33,84 e 30,11 dias, respectivamente.

Os resultados actuais são corroborados por descobertas de trabalhadores anteriores Kumar *et al.* (2014) que relataram longevidade masculina de *Chrysoperlacarneaas* 29,7 dias em ovos de *Corcyra cephalonica*. Mannan *et al.* (1997) relataram 32,20 dias como longevidade masculina de *Chrysoperlacarneaon Aphis gossypii*. Kumar *et al.* (2019) observaram que a longevidade masculina de *Chrysoperlacarneaon Corcyra cephalonicawas* 32,33 ± 0,88 dias, *Aphis craccivora17,67* dias e *Aphis gossypii* 19,67 dias.

Tabela 4.12: Longevidade média masculina do *Chrysoperlazastrowisillemi* em diferentes hospedeiros

Tratamentos	Longevidade masculina (Dias)						
	RI	RII	RIII	RIV	RV	Total	Média
T$_1$ - Ovos nãosterilizados de *Corcyra cephalonica*	39.56	40.23	39.12	39.54	39.78	198.23	39.65
T$_2$ - Ovos esterilizados de *Corcyra cephalonica*	35.21	37.12	36.45	35.31	36.85	180.94	36.19
T$_3$ - *Brevicorynebrassicae*	35.01	34.52	33.25	32.56	33.87	169.21	33.84
T$_4$ - *Aphis gossypii*	33.15	34.89	35.94	34.65	34.25	172.88	34.58
T$_5$ - *Aphis craccivora*	35.06	35.48	34.33	33.15	34.16	172.18	34.44
T$_6$ - *Uroleuconcompositae*	29.16	31.56	30.45	30.25	29.11	150.53	30.11

S.E± 0.40

C.Dat5% 1.16

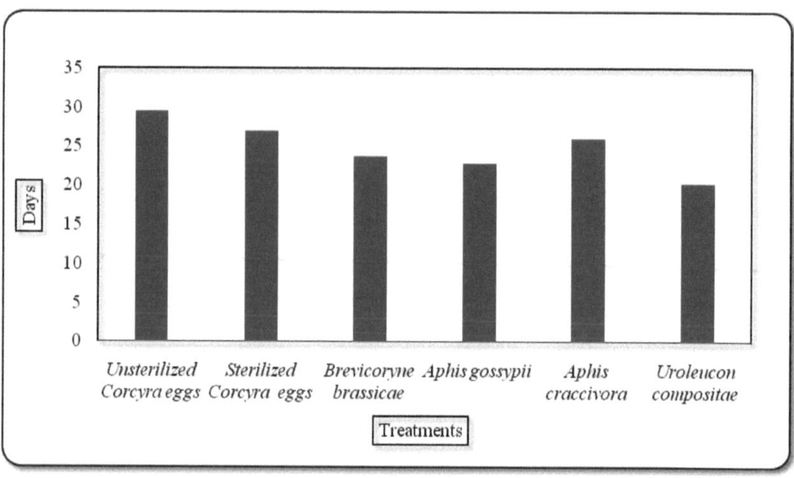

Fig. 4.11: Período de oviposição do *Chrysoperla zastrowi sillemi* em diferentes anfitriões

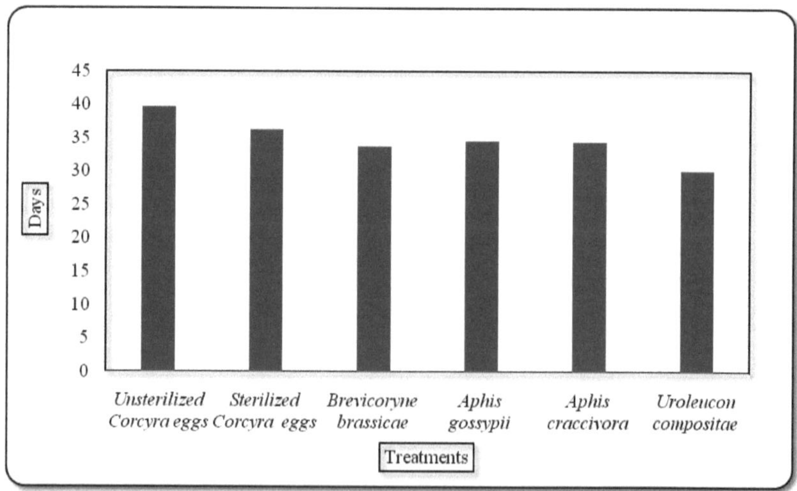

Fig. 4.12 Longevidade masculina da *Chrysoperla zastrowi sillemi* em diferentes anfitriões

4.1.12 Longevidade feminina

Os dados relativos à longevidade feminina apresentados no Quadro 4.13 foram encontrados estatisticamente significativos com a maior longevidade quando criados em ovos não esterilizados de *Corcyra cephalonica e a* menor em *Uroleuconcompositae.*

Longevidade da fêmea em ordem decrescente de mérito foi ovos não esterilizados de *Corcyra cephalonica>* Ovos esterilizados de *Corcyra cephalonica> Aphis craccivora> Brevicorynebrassicae>Aphis gossypii > Uroleuconcompositae* com 41,61, 38,84, 36,19, 35,14, 32,91 e 30,53 dias, respectivamente.

Os resultados actuais são semelhantes às descobertas de trabalhadores anteriores Subhan (2007) que relataram longevidade feminina de *Chrysoperlacarneawith* 40,30 dias em ovos não esterilizados e 40,80 dias em ovos esterilizados de *Corcyra cephalonica* e 38,23 dias em *Corcyra cephalonica*(Kumar *et al.,* 2019).

Kumar *et al.* (2019) relataram longevidade feminina de *Chrysoperlacarnea31*,00 ± 1,00 dias em *Aphis gossypii* e 35,70 dias (Mannan 1997).

Quadro 4.13 Longevidade média feminina de *Chrysoperlazastrowisillemi* em diferentes hospedeiros

Tratamentos	Longevidade feminina (Dias)						
	RI	RII	RIII	RIV	RV	Total	Média
T₁ - Ovos nãosterilizados de Corcyra cephalonica	42.69	41.56	42.15	40.87	40.77	208.04	41.61
T₂ - Ovos esterilizados de Corcyra cephalonica	39.65	39.22	38.54	39.14	37.65	194.2	38.84
T₃ - Brevicorynebrassicae	35.25	34.68	36.15	34.52	35.1	175.7	35.14
T₄ - Aphis gossypii	33.12	32.56	31.15	33.58	34.15	164.56	32.91
T₅ - Aphis craccivora	36.66	35.21	35.13	36.89	37.06	180.95	36.19
T₆ - Uroleuconcompositae	31.47	30.1	31.25	29.68	30.14	152.64	30.53

S.E± 0.39

C.Dat 5% 1.13

C.V.(%) 2,41

4.1.13 Duração do ciclo de vida masculino

Os dados relativos à duração do ciclo de vida masculino apresentados no Quadro 4.14 foram encontrados estatisticamente significativos com duração máxima quando alimentados com ovos não esterilizados de *Corcyra cephalonicawith* 57,44 dias superiores a todos os tratamentos seguidos de ovos esterilizados de *Corcyra cephalonica* (56,22 dias), *Aphis gossypii* (56,11 dias), *Brevicorynebrassicae* (55,93 dias) e *Aphiscraccivora* (55,65 dias). A duração mínima foi notada em *Uroleuconcompositae*(53,81 dias) e inferior a todos os tratamentos.

Os resultados actuais são corroborados por descobertas de trabalhadores anteriores Subhan (2010) que relataram que a duração do ciclo de vida masculino de *Chrysoperlacarneawas* 62,03 dias quando alimentados com ovos não esterilizados de *Corcyra cephalonica* e Bhujabal (2010) registou 59,53 dias.

Tratamentos	Duração do ciclo de vida masculino (Dias)						
	RI	RII	RIII	RIV	RV	Total	Média
T₁ - Ovos nãosterilizados de *Corcyra cephalonica*	55.04	58.29	57.89	58.07	57.93	287.22	57.44
T₂ - Ovos esterilizados de *Corcyra cephalonica*	54.62	56.86	56.96	55.59	57.07	281.1	56.22
T₃ -Brevicorynebrassicae	56.63	56.77	55.87	54.76	55.61	279.64	55.93
T₄ - *Aphis gossypii*	54.11	56.43	57.42	56.66	55.95	280.57	56.11
T₅ - *Aphis craccivora*	56.05	56.96	55.83	54.15	55.26	278.25	55.65
T₆ - *Uroleuconcompositae*	52.57	55.74	53.8	54.09	52.84	269.04	53.81

S.E± 0.51

C.Dat 5% 1.49
C.V.(%) 2,05

Tabela 4.14: Duração média do ciclo de vida masculino do *Chrysoperlazastrowisillemion* diferentes hospedeiros

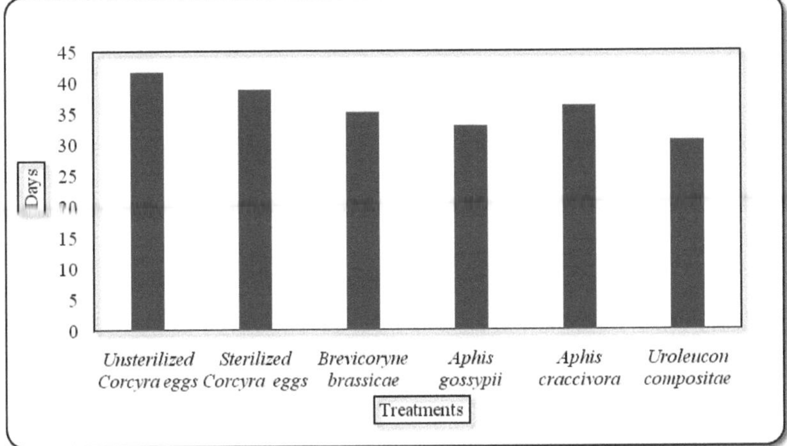

Fig. 4.13: Longevidade feminina de *Chrysoperlaza strowi sillemion* diferente hospedeiros

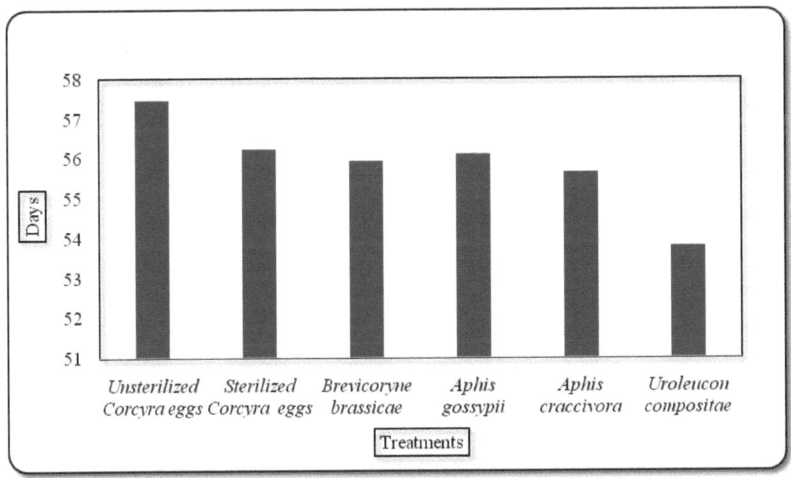

Fig. 4.14: Duração do ciclo de vida masculino do *Chrysoperla zastrowi sillemi* em diferentes anfitriões

4.1.14 Duração do ciclo de vida das fêmeas

Os dados apresentados no Quadro 4.15 relacionados com a duração do ciclo de vida das fêmeas foram encontrados estatisticamente significativos com duração máxima quando criadas em ovos não esterilizados de *Corcyra cephalonica e* duração mínima em *Uroleuconcompositae.*

Ordem decrescente de mérito pela duração do ciclo de vida da fêmea foi ovos não esterilizados de *Corcyra cephalonica*> Ovos esterilizados de *Corcyra cephalonica*> *Aphis craccivora*> *Brevicorynebrassicae*>*Aphis gossypii* > *Uroleuconcompositae* com 59,91, 58,87, 57,40, 57,23, 54,46 e 54,27 dias, respectivamente.

Os resultados apresentados estão em conformidade com os anteriores trabalhadores de Subhan (2010) que relataram a duração do ciclo de vida das fêmeas de 59,33 dias em ovos não esterilizados de *Corcyra cephalonica e* por Bhujabal (2010) 62,14 dias.

Tratamentos	Duração do ciclo de vida das mulheres (Dias)						
	RI	RII	RIII	RIV	RV	Total	Média
T_1 - Ovos nãosterilizados de *Corcyra cephalonica*	60.67	59.62	60.92	59.4	58.92	299.53	59.91
T_2 - Ovos esterilizados de *Corcyra cephalonica*	59.06	58.96	59.05	59.42	57.87	294.36	58.87
T_3 - *Brevicorynebrassicae*	56.87	56.93	58.77	56.72	56.84	286.13	57.23
T_4 - *Aphis gossypii*	54.08	54.1	52.63	55.59	55.89	272.29	54.46
T_5 - *Aphis craccivora*	57.65	56.69	56.63	57.89	58.16	287.02	57.40
T_6 - *Uroleuconcompositae*	54.88	54.28	54.68	53.52	53.98	271.34	54.27

S.E± 0.38

C.Dat 5% 1.11

C.V.(%) 1,49

Quadro 4.15 Duração média do ciclo de vida feminino do *Chrysoperlazastrowisillemion* diferentes hospedeiros

4.1.15 Fecundidade (Número de ovos/fêmeas)

Os dados apresentados no Quadro 4.16 relacionados com a fecundidade foram estatisticamente significativos com maior fecundidade quando criados em ovos não esterilizados de *Corcyra cephalonicaw com* 371,6 ovos, o que foi superior aos restantes tratamentos.

Fecundidade por ordem decrescente de mérito foi ovos não esterilizados de *Corcyra cephalonica* > Ovos esterilizados de *Corcyra cephalonica*> *Aphis gossypii* > *Aphis craccivora*> *Brevicorynebrassicae*> *Uroleuconcompositae* com 371,6, 338,8, 281,4, 262,2, 153,8 e 113,4 dias, respectivamente.

Os presentes resultados são confirmados pelas descobertas de Kubavatet al., (2017) que registou 352,9 ovos de Chrysoperlazastrowisillemi quando criados em ovos de Corcyra cephalonica. Vivek et al. (2013) registaram 250,8 ovos, Narukaet al. (2015) registou 274,73 ovos e Nandan et al. (2014) 260,70 ovos em Aphis craccivora.

Tratamentos	Fecundidade / feminino						
	RI	**RII**	**RIII**	**RIV**	**RV**	**Total**	**Média**
T_1 - Ovos nãosterilizados de *Corcyra cephalonica*	350	371	389	363	385	1858	371.6
T_2 - Ovos esterilizados de *Corcyra cephalonica*	315	338	352	341	348	1694	338.8
T_3 - *Brevicorynebrassicae*	155	147	167	148	152	769	153.8
T_4 - *Aphis gossypii*	287	295	274	287	264	1407	281.4
T_5 - *Aphis craccivora*	248	264	279	259	261	1311	262.2
T_6 - *Uroleuconcompositae*	119	107	124	105	112	567	113.4
S.E± 5.38							

| C.Dat5% .... 15.70 |
| C.V. (%) .... 4.74 |

Tabela 4.16: Fecundidade média da *Chrysoperla zastrowi sillemi* em diferentes hospedeiros

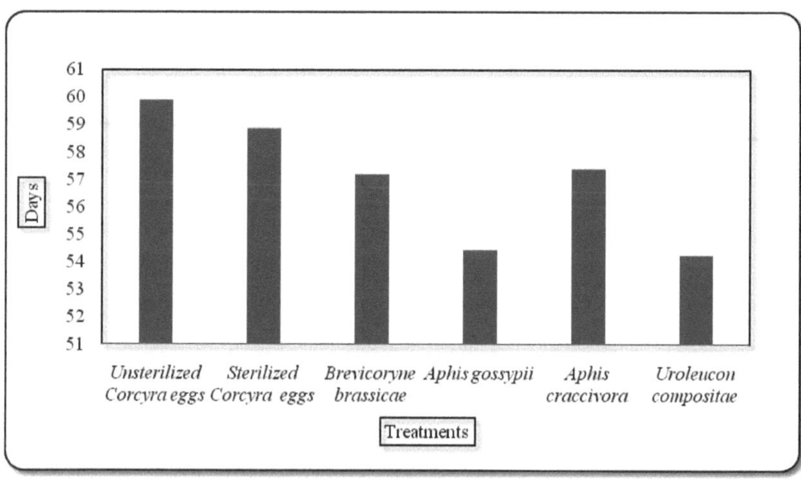

Fig. 4.15 Duração do ciclo de vida das mulheres *Chrysoperla zastrowi sillemion* diferente Anfitriões

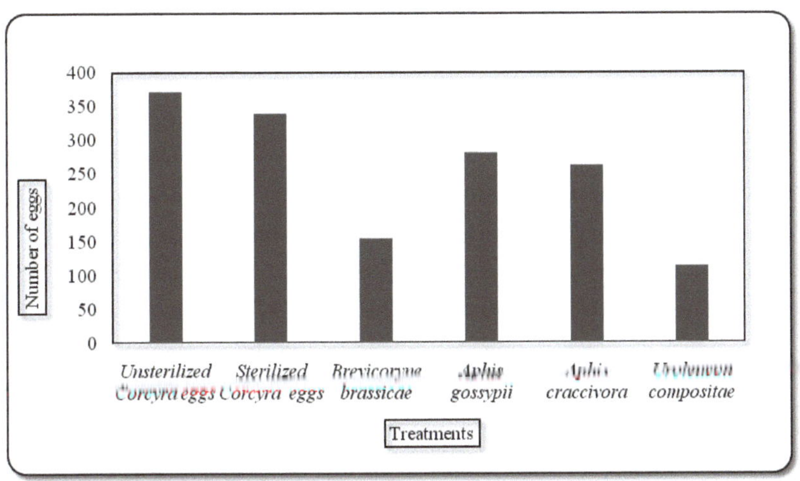

Fig. 4.16 Fecundidade/fêmea de *Chrysoperla zastrowi sillemion* diferente hospedeiros

4.2 Potencial de alimentação dos diferentes anfitriões da *Chrysoperlazastrowisillemion*

Foram realizados estudos laboratoriais sobre o potencial de alimentação do *Chrysoperlazastrowisillemion com* diferentes hospedeiros e foram observadas observações sobre o número de instares larvares e o consumo total de presas durante diferentes instares.

Os resultados relativos a este aspecto apresentados na Tabela 4.17 indicaram que *Chrysoperlazastrowisillemilarva* quando alimentado com diferentes presas passou por três instantes larvares e foram encontrados estatisticamente significativos um para o outro. No decurso do desenvolvimento, as larvas consumiram um número significativamente mais elevado de ovos esterilizados de *Corcyra cephalonica (*47,69, 102,45 e 196,52) das larvas do primeiro, segundo e terceiro instar, respectivamente, sobre os ovos não esterilizados de *Corcyra cephalonica* (38.17, 98,95 e 174,83), *Aphis craccivora*(30,48, 62,74 e 114,96), *Aphis* *gossypii* (25,59, 57,32 e 101,21), *Uroleuconcompositae* (19,47, 49,42 e 100,67) e *Brevicorynebrassicae* (22,26, 50,00 e 89,57).

Os dados sobre o potencial alimentar de três instares de *Chrysoperlazastrowisillemi* em diferentes presas revelaram que o maior número de ovos esterilizados de *Corcyra cephalonica*346,66 foram consumidos pelas larvas de *Chrysoperlazastrowisillemiin* para completar o seu desenvolvimento num período de 9,46 dias. Seguiram-se os ovos não esterilizados de Corcyra *cephalonica*(311,95) com período de desenvolvimento larvar total de 9 dias, *Aphis craccivora* (208,17) com período de desenvolvimento larvar de 10,10 dias, *Aphis gossypii* (184,12) com período larvar de 10,59 dias, *Uroleuconcompositae*(169,57) com período larvar total de 11,17 dias e *Brevicorynebrassicae* (161,84) com período larvar de 10,50 dias.

Estudos semelhantes realizados por Narukaet *al.* (2017) descobriram que o número médio de ovos consumidos por *Chrysoperlazastrowi arabica* em *Corcyra cephalonicaduring* larval período do primeiro, segundo e terceiro instar foi de 24,65, 75,43 e 198,17 enquanto que o número médio de ovos consumidos durante diferentes instares foi de 298,24.

Kumar *et al,* (2019) registaram que o número médio de presas consumidas durante as larvas do primeiro, segundo e terceiro instar foi de 30,67, 53,00 e 123, o consumo total foi de 206,66 em *Aphis craccivora* enquanto que as larvas do primeiro, segundo e terceiro instar consumiram 36,37, 75,50 e 89,59 presas e o total de presas consumidas durante diferentes instares foi de 204,76 em *Aphis craccivora* (Narukaet *al.,* 2017).

Quadro 4.17: Potencial de alimentação das diferentes presas de *Chrysoperlazastrowisillemion*

Preys	I Instar		II instar		III Instar		I a III Instar	
	Duração (dias)	Consumo total	Duração (dias)	Consumo total	Duração (dias)	Consumo total	Duração (dias)	Consumo total
Ovos não esterilizados de *Corcyra cephalonica*	2.63	38.17	2.77	98.95	3.60	174.83	9	311.95
Ovos esterilizados de *Corcyra cephalonica*	2.89	47.69	2.78	102.45	3.79	195.52	9.46	346.66
Brevicorynebrassicae	3.32	22.26	2.94	50.00	4.24	85.57	10.50	161.84
Aphis gossypii	3.31	25.59	3.05	57.32	4.22	101.21	10.59	184.12
Aphis craccivora	3.10	30.48	2.91	62.74	4.08	114.96	10.10	208.17
Uroleuconcompositae	3.44	19.47	3.02	49.42	4.70	100.67	11.17	169.57
S.E ±	0.05	1.04	0.07	2.10	0.07	3.03	0.12	4.17
C.D a 5%	0.14	3.04	0.21	6.13	0.21	8.85	0.35	12.19

C.V. (%)	3.43	6.93	5.47	7.34	3.91	5.29	2.63	4.03

É evidente no Quadro 4.18 que as larvas do primeiro, segundo e terceiro instar de *Chrysoperlazastrowisillemiconsumed* 14,50, 35,75 e 48,57 ovos de ovos não esterilizados de *Corcyra cephalonicaconsumed* 16.51, 36.84 e 51.91 ovos seguidos de *Aphis craccivora9*.84, 21.53 e 28.17, *Aphis gossypii* 7.72, 18.78 e 23.95, *Uroleuconcompositae5*.66, 16.35 e 21.39 e *Brevicorynebrassicae5*.07, 15.76 e 17.73 por dia, respectivamente.

Os resultados estão em conformidade com as descobertas de Chakraborty e Korat (2010) que descobriram que o número médio de presas consumidas por dia durante as larvas do primeiro, segundo e terceiro instar de *Chrysoperlacarneawere* 12,20, 16,40 e 24,63, respectivamente em *Uroleuconcompositae*.

Tabela 4.18 Consumo larvar de *Chrysoperla zastrowi sillemiper* dia durante diferentes instantes

Tratamentos	Consumo de larvas por dia durante diferentes instantes		
	I	II	III
T_1 - Ovos nãoesterilizados de *Corcyra cephalonica*	14.50	35.75	48.57
T_2 - Ovos esterilizados de *Corcyra cephalonica*	16.51	36.84	51.91
T_3 - *Brevicorynebrassicae*	5.07	15.76	17.73
T_4 - *Aphis gossypii*	7.72	18.78	23.95
T_5 - *Aphis craccivora*	9.84	21.53	28.17
T_6 - *Uroleuconcompositae*	5.66	16.35	21.39
S.E ±	0.34	0.50	0.42
C.D a 5%	0.98	1.46	1.22
C.V. (%)	7.62	4.64	2.94

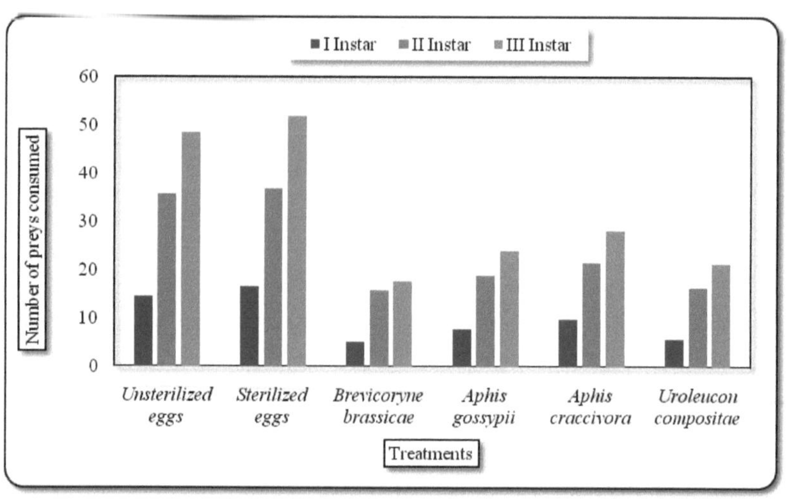

Fig. 4.17 Número de presas consumidas por diferentes instantes larvares de *Chrysoperla zastrowi sillemi*

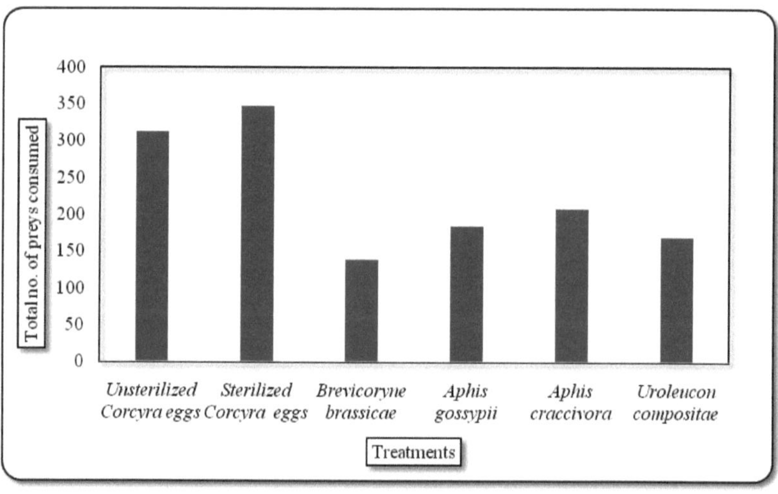

Fig. 4.18 Consumo total de presas pela *Chrysoperlaza strowi sillemi*

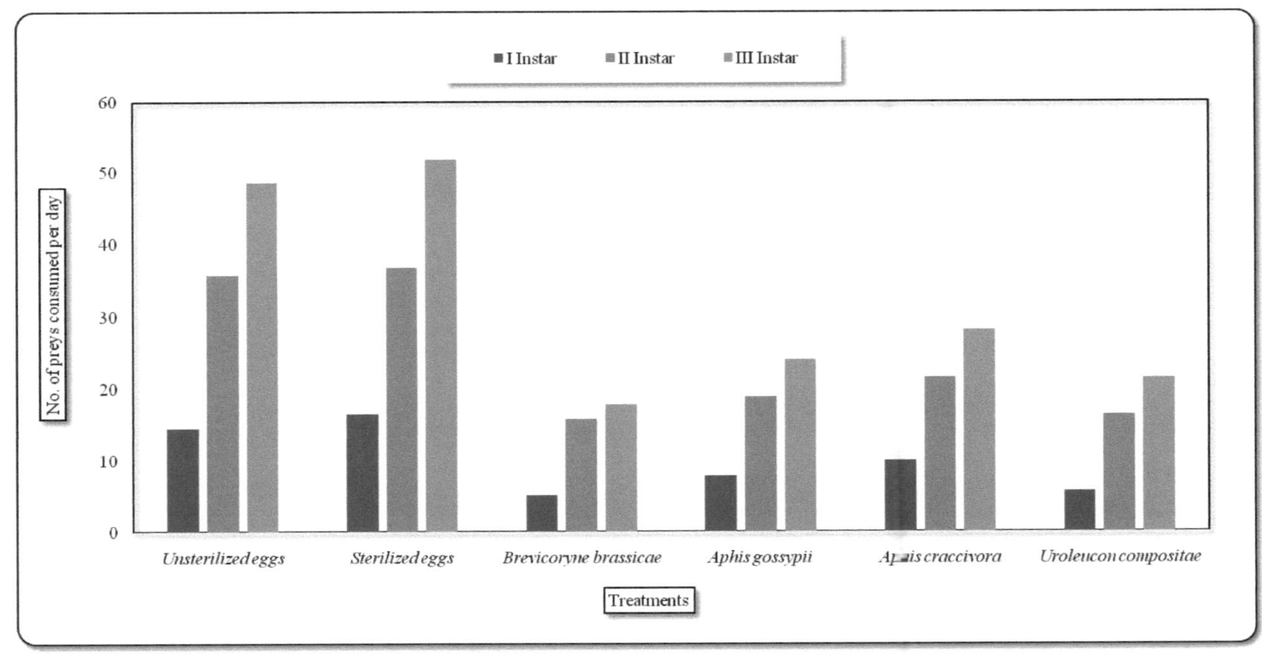

Fig   4.19   Consumo   larvar   de   *Chrysoperla*   *zastrowi*   *sillemiper*   dia   durante   diferentes   instantes

73

4.3 Ordem relativa de diferentes parâmetros para o crescimento e desenvolvimento de
Chrysoperla zastrowi sillemion diferentes anfitriões

Foram tomados em consideração parâmetros diferentes para conhecer a ordem geral de adequação das diferentes presas, dando pontuação a cada parâmetro como dez pontos para a primeira posição e reduzindo um ponto para a posição subsequente. As presas foram organizadas em ordem ascendente para caracteres como período ovo, período larvar, período pupilar, período de pré-oviposição, período de desenvolvimento total e consumo total de presas, enquanto que para caracteres como percentagem de eclosão de ovos, percentagem de larvas pupadas, emergência adulta, índice de crescimento, período de oviposição, longevidade masculina e feminina e fecundidade foram organizadas em ordem descendente.

Do quadro 4.19, ficou claro que os ovos não esterilizados de *Corcyra cephalonicascored* pontos mais altos de aptidão geral (158) seguidos por ovos esterilizados (141), *Aphis craccivora* (122), *Aphis gossypii* (113), *Brevicorynebrassicae*(104) e *Uroleuconcompositae*(82).

Tabela 4.19: Ordem relativa de diferentes parâmetros de Chrysoperla zastrowi sillemion diferentes hospedeiros

Sr. Não	Personagem	Presa					
		Ovos não esterilizados	Ovos esterilizados	Pulgão de feijão-frade	Pulgão de repolho	Pulgão de algodão	Pulgão de Safflower
1.	Duração dos ovos	9	6	10	7	8	5
2.	Porcentagem eclosão do ovo	10	9	8	6	7	5
3.	Duração da larva	10	9	8	7	6	5
4.	Percentagem de cachorro	10	9	6	7	8	5
5.	Índice de crescimento	10	9	8	6	7	5
6.	Duração do pupal	10	9	7	6	8	5
7.	Emergência de adultos	10	9	6	7	8	5
8.	Developmental período	10	9	8	6	7	5
9.	Período de pré-oviposição	10	8	9	7	6	5
10.	Período de oviposição	10	9	8	7	6	5
11.	Longevidade masculina	10	9	7	6	8	5

12.	Longevidade feminina	10	9	8	7	6	5
13.	Duração do ciclo de vida masculino	10	9	6	7	8	5
14.	Vida das mulheres - duração do ciclo	10	9	8	7	5	6
15.	Fecundidade	10	9	7	6	8	5
16.	Consumo total	9	10	8	5	7	6
	Pontuação total	158	141	122	104	113	82

CAPÍTULO - V
RESUMO E CONCLUSÃO

CAPÍTULO - V

RESUMO E CONCLUSÕES

A presente investigação foi intitulada para estudar, "Biologia e potencial de alimentação de *Chrysoperlazastrowisillemi* (Esben-petersen) em diferentes hospedeiros". A experiência foi realizada em desenho completamente aleatório com seis tratamentos e cinco réplicas no Laboratório de Investigação em Parasitologia de Insectos, Departamento de Entomologia Agrícola, VNMKV, Parbhani durante 2020-2021. O material experimental era composto por tratamentos com ovos esterilizados e não esterilizados de *Corcyra cephalonica*, Pulgão de Couve, Pulgão de Feijão-frade, Pulgão de algodão e Pulgão de cártamo, com os seguintes objectivos

1. Estudar a biologia de *Chrysoperlazastrowisillemion* diferentes anfitriões.
2. Estudar o potencial de alimentação dos diferentes anfitriões da *Chrysoperlazastrowisillemion.*

As observações foram registadas para o período ovo, nascimento dos ovos, período larval, larva pupa, índice de crescimento, período pupa, período de desenvolvimento, emergência do adulto, período pré-oviposição, período de oviposição, longevidade do macho, longevidade da fêmea, duração do ciclo de vida do macho, duração do ciclo de vida da fêmea, fecundidade por fêmea e potencial de alimentação.

Os resultados obtidos são resumidos a seguir:

1. O período médio de incubação de *Chrysoperlazastrowisillemiw foi* observado como mínimo de 3,84 dias em *Aphis craccivorafollowed* por 3,87 dias em ovos não esterilizados de *Corcyra cephalonica*, 4,02 dias em *Aphis gossypii*, 4,07 dias em *Brevicorynebrassicae*, 4,22 dias em ovos esterilizados e máximo de 4,41 dias em *Uroleuconcompositae.*

2. A percentagem máxima de eclosão de ovos foi notada em ovos não esterilizados de *Corcyra cephalonicawith com* 94,77 por cento e a percentagem mínima foi notada em *Uroleuconcomposita com* 78,77 por cento.

3. A primeira duração larvar instar da *Chrysoperlazastrowisillemiw foi* observada como mínima de 2,63 dias em ovos não esterilizados de *Corcyra cephalonica* seguida de 2,89 dias em ovos esterilizados, 3,10 dias em *Aphis*

craccivora, 3,31 dias em *Aphis gossypii*, 3,32 dias em *Brevicorynebrassicae e* máxima de 3,44 dias em *Uroleuconcompositae.*

4. A duração da segunda larva instar foi mínima de 2,77 dias em ovos não esterilizados de *Corcyra cephalonica e* máxima de 3,02 dias em *Uroleuconcompositae.*

5. A duração da terceira larva instar também foi observada como mínima de 3,60 dias em ovos não esterilizados de *Corcyra cephalonica e* máxima de 4,70 dias em *Uroleuconcompositae.*

6. O período larvar total significativamente mais alto foi observado em *Uroleuconcompositae* (11,17 dias) e o mais baixo foi observado em ovos não esterilizados de *Corcyra cephalonica*(9 dias). 9,46, 10,10, 10,50 e 10,59 dias foram observados em ovos esterilizados, *Aphis craccivora, Brevicorynebrassicae e Aphis gossypii,* respectivamente.

7. A maior percentagem de larvas pupadas foi em ovos não esterilizados de *Corcyra cephalonica*(89,12) seguida de ovos esterilizados (86,48), *Aphis gossypii* (81,7), *Brevicorynebrassicae*(79,44), *Aphis craccivora*(78,94) e a mais baixa foi notada em *Uroleuconcompositae*(74,5).

8. O índice de crescimento mais baixo e mais alto do *Chrysoperlazastrowisillemiw foi de* 6,68 e 9,90 em *Uroleuconcompositae e* ovos não esterilizados de *Corcyra cephalonica,* respectivamente.

9. O período de Pupal foi de 5,43, 6,26, 6,93, 7,27, 7,52 e 8,14 dias em ovos não esterilizados de *Corcyra cephalonica,* ovos esterilizados, *Aphis gossypii, Aphis craccivora, Brevicorynebrassicae e Uroleuconcompositae,* respectivamente.

10. A percentagem de emergência adulta foi maior 90,20 por cento nos ovos não esterilizados de *Corcyra cephalonica* e menor 76,60 por cento na *Uroleuconcompositae.*

11. O período de desenvolvimento médio do *Chrysoperlazastrowisillemiw foi* no mínimo 18,30 dias em ovos não esterilizados de *Corcyra cephalonicafollowed* por 20,03 dias em ovos esterilizados, 21,21 dias em *Aphis craccivora,* 21,54 dias em *Aphis gossypii,* 22,09 dias em *Brevicorynebrassicae e* 23,72 dias em *Uroleuconcompositae.*

12. Foi observado um período de pré-oviposição significativamente mais baixo em ovos nãoesterilizados de *Corcyra cephalonica* (4,47 dias) e o período de

oviposição mais alto foi de 29,57 dias em ovos nãosterilizados de *Corcyra cephalonica.*

13. A maior longevidade masculina foi registada como 39,65 dias no caso de ovos não esterilizados de *Corcyra cephalonicafollowed* por ovos esterilizados de *Corcyra cephalonica36,19* dias, *Aphis gossypii* 34,58 dias, *Aphis craccivora34,44* dias, *Brevicorynebrassicae33,84* dias e a menor foi de 30,11 dias em *Uroleuconcompositae.*

14. A maior longevidade feminina de *Chrysoperlazastrowisillemiw foi de* 41,61 dias em ovos não esterilizados de *Corcyra cephalonica*, ovos esterilizados de *Corcyra cephalonica*(38,84 dias), *Aphis craccivora*(36,19), *Brevicorynebrassicae*(35,14 dias), *Aphis gossypii* (32,91 dias) e *Uroleuconcompositae* mais baixa(30,53 dias).

15. Duração média do ciclo de vida masculino e feminino do *Chrysoperlazastrowisillemirecordado* mais alto 57,44 dias e 59,91 dias, respectivamente em ovos não esterilizados de *Corcyra cephalonicafollowed* por ovos esterilizados de *Corcyra cephalonica* 56.22 e 58,87 dias, *Aphis craccivora55,65* e 57,40 dias, *Brevicorynebrassicae55,93* e 57,23 dias, *Aphis gossypii* 56,11 e 54,46 dias, respectivamente, e mais baixos em *Uroleuconcompositae53,81* e 54,27 dias, respectivamente, em macho e fêmea.

16. A fecundidade (número de ovos postos por fêmea) registou os ovos mais altos em ovos não esterilizados de *Corcyra cephalonica* (371,6 ovos) e os mais baixos em *Uroleuconcompositae* (113,4 ovos).

17. Potencial alimentar de *Chrysoperlazastrowisillemi*: O consumo máximo foi de ovos esterilizados de *Corcyra cephalonica com* 346,66 ovos seguidos de ovos não esterilizados de *Corcyra cephalonica* com 311.95 ovos, *Aphis craccivora208,17* ninfas/adultos, *Aphis gossypii* 184,12 ninfas/adultos, *Uroleuconcompositae169,57* ninfas/adultos e o consumo mínimo foi de *Brevicorynebrassica com* 161,84 ninfas/adultos.

CONCLUSÃO :

Os resultados da presente investigação podem ser concluídos com base em vários parâmetros biológicos do predador, *Chrysoperlazastrowisillemi*. Estes parâmetros são tomados em consideração para conhecer a ordem geral de adequação das diferentes presas, dando pontuação a cada parâmetro como dez pontos para a primeira posição e reduzindo um ponto para a posição subsequente.

Do quadro 4.19, ficou claro que os ovos não esterilizados de *Corcyra cephalonicascored* pontos mais altos de aptidão geral (158) seguidos de ovos esterilizados (141), *Aphis craccivora* (122), *Aphis gossypii* (113), *Brevicorynebrassicae*(104) e *Urolauoancompesitue*(02).

Como a população natural de bioagentes sozinha no campo não é adequada para a supressão da população de pragas, deve ser suplementada com a libertação de bioagentes. Assim, o presente estudo foi realizado em laboratório para conhecer a adequação adequada das presas e para as produzir em massa para a supressão da população de pragas no campo. Dos presentes estudos de investigação pode concluir-se que os ovos não esterilizados de *Corcyra cephalonicaw foram* considerados como o hospedeiro mais adequado para a criação em massa do predador, *Chrysoperlazastrowisillemi*.

LITERATURA CITADA

LITERATURA CITADA

Abd-Rabou, Shaaban.(2008). Avaliação do açafrão verde, *Chrysoperlacarnea*(Stephens) (Neuroptera : Chrysopidae) contra afídeos em diferentes culturas. *Journal of Biological control.* 22(2), 299-310.

Abd-El-Atty, S.F. (2015). Efeito dos tipos de presas em alguns aspectos biológicos da *Chrysoperlacarnea*(Stephens) em condições laboratoriais. *Journalof Plant Protection and Pathology.* 6(2), 333-343.

Adane, T. & Gautam, R.D. (2002). Biologia e potencial de alimentação de rendas verdes, *Chrysoperlacarnea* sobre traça de arroz. *Revista Indiana de Entomologia.* 64(4), 457-464.

Afzal, M.& Khan, M.R. (1978). História de vida e comportamento alimentar da asa de renda verde, *Chrysoperla córnea* (Stephens) (Neuroptera :Chrysopidae). *Jornal de Zoologia do Paquistão.* 10(1), 83-90.

Aggarwal, N.& Neetan. (2014). Eficiência predatória de *Cheilomenessexmaculata* (Fabricius) e *Chrysoperlazastrowisillemi* (Esben-Petersen) em mealybug de algodão, *Phenacoccussolenopsis* Tinsley em condições de laboratório. *Acta Phytopathologica et EntomologicaHungarica.* 49(1), 73-81.

Anónimo (1994). Trichogrammatids, Direcção de Projecto de Controlo Biológico, Bangalore, Boletim Técnico. **7**, 1-93.

Aravind, J., Karuppuchamy, P., Kalyanasundaram, M. & Boopathi, T. (2012). Predatory potential of green lacewing, *Chrysoperlazastrowisillemi* (Esben-Petersen)(Neuroptera: Chrysopidae) on major sucking pests of okra. *Gestão de pragas em Ecossistemas Hortícolas.* 18(2), 231-232.

Aravind, J., Karuppuchamy, P. & Kalyanasundaram, M. (2013). Estudos Comparativos sobre Atributos Biológicos de *Chrysoperlazastrowisillemi* (Esben-Peterson) criados em Two Hosts. *Diário Agrícola de Madras.* 100(10-12), 887-889.

Balakrishnan, N., Baskaran, R.K. & Mahadevan, N.R. (2005). Development and predatory potential of green lacewing *Chrysoperlacarnea* (Stephens)(Neuroptera: Chrysophidae) on different presy insects. *Digest Agricultural Science Digest*. 25(3), 194-197.

Balasubramani, V. & Swamiappan, M. (1994). Potencial de desenvolvimento e alimentação do *Chrysoperlacarnea* Stephens (Neuroptera : Chrysopidae) em diferentes pragas de insectos do algodão. *Anzeiger für Schädlingskunde, Pflanzenschutz, Umweltschutz*. 67(8), 165-167.

Bansod, R.S. & Sarode, S.V. (2000). Influência de diferentes espécies de presas na biologia da *Chrysoperlacarnea* (Stephens). *Shashpa*. 7(1), 21-24.

Bhojani, D.V., Desai, H.R., Shinde, C.U. & Solanki, B.G. (2017). Potencial de alimentação de *Chrysoperlazastrowisillemi* (Neuroptera: Chrysopidae) sobre pulgão de algodão, *Aphis gossypii* glover. *Tendências em Biociências*. 10(45), 9297-9301.

Bhujabal. (2010). *Biologia e potencial de alimentação dechrysoperlacarnea (tese de mestrado)*. Vasantrao Naik Marathwada Krishi Vidyapeeth, Parbhani.

Brooks, S. J. (1994). A taxonomic review of the common green lacewing genus *Chrysoperla* (Neuroptera: Chrysopidae). *Boletim do Museu Britânico de História Natural (Entomologia)*. 63(2), 137-210.

Burke, H.R. & Martin, D.F. (1956). A biologia de três predadores crisópteros do pulgão do algodão. *Journal of Economic Entomology*. 49(5), 698-700.

Chakraborty, D. & Korat, D.M. (2010). Biologia das rendas verdes, *Chrysoperlacarnea* (Stephens) em condições médias de Gujarat. *Karnataka Journal of Agricultural* Science. 23(3), 500-502.

Chakraborty, D. & Korat, D.M. (2010). Eficiência alimentar da asa de renda verde, *Chrysoperlacarnea* (Stephens) em diferentes espécies de afídeos. *Karnataka Journal of Agricultural Science*. 23(5), 793 - 794.

Chandana, P.S., Anil, S. & Sharma, P.L. (2020). Biology of green lacewing, *Chrysoperlazastrowisillemi* (Esben-Petersen) on cabbage aphid, *Brevicorynebrassicae* L. *Journal of Biological Control*. 34(2), 113-118.

DeBach, P. (1965). Alguns fenómenos biológicos e ecológicos associados à colonização de insectos entomófagos. *A genética das espécies colonizadoras*. 287-303.

Dhepe, V.R. (2001). *Estudos sobre biologia da Chrysoperlacarnea (Stephens) em diferentes hospedeiros (tese de mestrado)*. Dr.PunjabraoDeshmukhKrishiVidyapeeth, Akola, Maharashtra, Índia.

Elango, K., Aravind, A. & Nelson, S.J. (2020). Potencial de alimentação de rendas verdes, *Chrysoperlazastrowisillemi* (Esben-Petersen) em dois bichos de cauda de mealy bug,*Ferrisia virgata* (Homoptera·Pseudococcidae) e n sua bio-segurança para os insecticidas. *Anais das Ciências Fitossanitárias*. 28(3), 193-197.

El-Saeady, A.A., Ibrahim, I.L., Hammad, S.A. & Abd El Fattah, S.S. (2011). Efeito de diferentes temperaturas constantes e fotoperíodos sobre alguns aspectos biológicos da *Chrysoperlacarnea* (Stephens)(Neuroptera: Chrysopidae) criada sobre o pulgão de feijão-frade, *Aphis craccivora* Koch. *Journal of Plant Protection and Pathology*.2(11), 973-979.

El-Serafi, H.A.K., Abdel-Salam, A.H. & Abdel-Baky, N. F. (2000). Efeito de quatro espécies de afídeos em certas características biológicas e parâmetros da tabela de vida de *Chrysoperlacarnea* (Stephens) e *ChrysoperlaseptempunctataWesmael* (Neuroptera: Chrysopidae) em condições laboratoriais. *Revista de Ciências Biológicas do Paquistão*. 3(2), 239-245.

Farhan, M., Murtaza, G., Ramzan, M., Sabir, M.W., Rafique, M.A. & Ullah, S. (2019). Potencial de alimentação de *Chyroperlacarnea* em *Myzuspersicae* (Sulzer) em condições laboratoriais. *Journal of Innovative Sciences*. 5(2), 95-99.

Geethalakshmi, L., Muthukrishnan, N., Chandrasekaran, M. & Raghuraman, M. (2000). Chrysopids biology on *Corcyra cephalonica* and feeding potential on different host insects. *Anais das Ciências Fitossanitárias*. 8(2), 132-135.

Gosalwad, S.S., Bhosle, B.B., Wadnerkae, D.W& Khan, F.S. (2010).Potencial de alimentação do leão pulgão, *Chrysoperlacamea*(Stephens)em diferentes presas. *Journal of Cotton Research andDevelopment.* 24(1), 104-105.

Gupta, R. & Mohan, M. (2012). Eficiência alimentar da *Chrysoperlacarnea* contra afídeos (*L. erysimi e B. brassicae*). *Uma revista trimestral internacional de ciências da vida.* 7(3), 455-456.

Halder, J. & Rai, A.B. (2016). Adequação de diferentes afídeos de presas no crescimento, desenvolvimento e reprodução de *Chrysoperlazastrowisillemi* (Esben-Petersen)(Chrysopidae: Neuroptera). *Actas da Sociedade Zoológica.*69(1), 89-95.

Hassan, S. A., Klingauf, F. & Shahin, F. (1985). Papel da *Chrysopacarnea* como predador de pulgões na beterraba sacarina e o efeito dos pesticidas. *Zeitschrift für angewandteEntomologie.* 100(1-5), 163-174.

Hassan, K. (2014). Capacidade de alimentação e preferência de hospedeiro de *Chrysoperlacarnea*(Stephens) (Neuroptera : Chrysopidae) em três diferentes presas de insectos em condições de laboratório. *Journal of Plant Protection and Pathology.* 5(12), 1045-1051.

Henry, C.S., Brooks, S.J., Johnson, J.B., Venkatesan, T. & Duelli, P. (2010). A espécie de ave de renda mais importante nas culturas agrícolas indianas, *Chrysoperlasillemi* (Esben-Petersen), é uma subespécie de *Chrysoperlazastrowi* (Esben-Petersen)(Neuroptera: Chrysopidae). *Jornal de História Natural.* 44(41-42), 2543-2555.

Imã, I.I. (2020). Características Biológicas da *Chrysoperlacarnea*(Stephens) alimentada por dois hospedeiros de presas em condições de laboratório. *Revista Académica Egípcia de Ciências Biológicas A. Entomologia.* 13(2), 305-312.

Jalali, S.K., Rabindra, R.J., Rao, N.S. & Dasan, C.B. (2003). Produção em massa de trichogramas e crisópteros. Direcção do Projeto de Controlo Biológico, Bangalore, Índia. Boletim Técnico n° 33

Kale, S.S., Turkhade, P.D. & Patil, K.A. (2014). Alimentação e potencial reprodutivo da *Chrysoperlacarnea* (Stephens) sobre pestes sugadoras e neonatos de noctívagos. *Journal of Entomological Research*. 38(3), 173-176.

Khan, J., Haq, E., Abid, S., Jilani, G. & Masih, R. (2009). Aspectos biológicos das fases imaturas da *Chrysoperlacarneaon Sitotrogacerealellaeggs* em condições laboratoriais. *Revista de ciência do Paquistão*. 61(1), 26-28.

Khanzada, K.K., Chandio, R.H., Nahiyoon, R.A., Siddiqui, A.A., Jat, M.I., Mastoi, S.M. & Mastoi, P.M. (2018). Criação de *Chrysoperlacarnea* (Stephens) contra dois hospedeiros de laboratório e um hospedeiro natural *Journal of Entomology and Zoology Studies*. 6(1), 980-983.

Khanzada, K.K., Shaikh, H.M., Mastoi, S.M., Rajput, Z., Jat, M.I., Mastoi, P.M. & Ali, A. (2018). Alguns parâmetros da *ChrysoperlaCarnea* sobre alimentações florais de mamona e potencial de alimentação de espécies de pulgão selectivo. *Journal of Entomology and Zoology Studies*. 6(1), 860-863.

Kharizanov, A.& Babrikova, T. (1978). Toxicidade dos insecticidas para certas espécies de Crisotipias. *RastitelnaZashchita*. 26(5), 12-15.

Khuhro, N.H., Chen,H. Zhang,Y., Zhang, L. & Wang, M. (2012). Efeito de diferentes espécies de presas sobre os parâmetros de vida da *Chrysoperlasinica* (Neuroptera: Chrysopidae). *Revista Europeia de Entomologia*. 109(2), 175-180.

Khulbe, P., Ravi, P., Maurya, R.P. & Khan, M.A. (2005). Biologia da *Chrysoperlacarnea* (Stephens) sobre diferentes insectos hospedeiros. *Anais das Ciências Fitossanitárias*. 13(2), 351-354.

Kubavat, A.K., Jethva, D.M. & Wadaskar, P.S. (2017). Biologia e potencial alimentar de *Chrysoperlazastrowisillemi* (Esben-Peterson) sobre ovos de *Corcyra cephalonica* (Stainton). *Ambiente e Ecologia*. 35(3A), 1948-1952.

Kumar, A., Dwivedi, S.K. & Kumar, V. (2019). Efeito de diferentes hospedeiros na biologia e potencial de alimentação do *crisoporlacarnéia* verde

(Stephens)(Neuroptera: Chrysopidae). *Arquivos vegetais*. 19(1), 281-284.

Kumari, D., Verma, S.C., Sharma, P.L. & Negi, S. (2020). Biologia, potencial de alimentação e resposta funcional do *ChrysoperlaZastrowisillemi* ao aphid de algodão, glover de *Aphis gossypii. Journal of Entomology and Zoology studies.* 8(3), 381-386.

Kumar, G.S., Devi, A.R. & Nagamallikadevi, M. (2014). Bionomia de *Chrysoperlacarnea* (Stephens) sobre ovos de *Corcyra cephalonica* (Stainton). *International Journal of Farm Sciences.* 4(3), 145-151.

Kumari, R., Manjunatha, K. & Kantipudi, R. (2016). Capacidade de Preying de diferentes Instars Larvais de Rendas Verdes, *Chrysoperlacarnea* (Stephens) em diferentes hospedeiros em condições laboratoriais. *Avanços nas ciências da vida.* 5(4), 1259 -1263.

Liu, T.X. & Chen, T.Y. (2001). Efeitos de três espécies de afídeos (Homoptera: Aphididae) no desenvolvimento, sobrevivência e predação de *Chrysoperlacarnea* (Neuroptera: Chrysopidae). *Entomologia Aplicada e Zoologia.* 36(3), 361-366.

Mannan, V.D., Varma, G.C. & Brar, K.S. (1997). Biologia da *Chrysoperlacarnea* (Stephens) em *Aphis gossypii*(Glover) e *Myzuspersicae* (Sulzer). *Journal of Insect Science.* 10(2), 143-145.

Manjunatha, D.K., Sharanabasappa, S.E. & Maruthi, M.S. (2018). Potencial de alimentação de *Chrysoperlacarnea* (Steph.) em diferentes hospedeiros. *Journal of Entomology and Zoology Studies.* 6(2), 1028-1030.

Manjunatha, D.K., Sharanabasappa, S.E. & Maruthi, M.S. (2018). Influência do hospedeiro natural e da dieta artificial na biologia da *Chrysoperlacarnea* (Stephens)(Neuroptera: Chrysopidae). *Journal of Entomology and Zoology Studies.* 6(2), 1031-1033.

Manjunatha, K., Kumari, R. & Singh, N. (2016). Desenvolvimento de diferentes Instars Larvais de Rendas Verdes, *Chrysoperlacarnea* (Stephens) em diferentes Anfitriões. *Avanços nas Ciências da Vida.* 5(5), 1863-1867.

Mhaske, S.H., Shetgar, S.S. & Shinde, R.P. (2017). Biologia de *Chrysoperlazastrowisillemi* (Esben-Petersen) sobre mealy bugs e aphids. *Journal of Biological Control*. 31(2), 110-113.

Mhaske, S.H., Shetgar, S.S. & Dake, R.B. (2019). Capacidade de consumo de *Chrysoperlazastrowisillemi* (Esben-Peterson) em mealy bugs e aphids. *Journal of Entomology and Zoology Studies*. 7(3), 810-812.

Nandan, N . , Korat, D.M . & Dabhi, M.R. (2014). Influência de diferentes insectos hospedeiros (presas) nos parâmetros biológicos de *Chrysoperlazastrowisillemi*(Esben-Peterson) *Ambiente dos insectos*. 20(2), 40-44.

Naruka, P. e Ameta, O.P. (2015). Biologia de *Chrysoperlazastrowi arabica* sobre diferentes presas. *Revista indiana de Entomologia aplicada*. 29(1), 61-65.

Naruka, P., Meena, A. & Meena, B.M. (2017). Potencial de alimentação de *Chrysoperlazastrowi arabica* (Henry *et al*.) em diferentes hospedeiros de presas. *Journal of Entomology and Zoology Studies*.5(3), 608-612.

Nasreen, A., Mustafa, G. & Ashfaq, M. (2005). Mortality of *Chrysoperlacarnea* (Stephens)(Neuroptera: Chrysopidae) after exposure to some insecticides; estudos laboratoriais. *Estudos do Pacífico Sul*. 26(1), 1-6.

Pandey, R & Singh, N.N. (2005). Estudos biológicos de *Chrysoperlacarnea* (Stephens) sobre pulgão de mostarda. *Journal of Aphidology*. 19, 67-70.

Panth, M., Giri, S. & Kafle, K. (2017). Biologia e potencial predatório da *Chrysoperlacarnea*(Stephens) (Neuroptera : Chrysopidae) cultivada em diferentes espécies de pulgão em condições laboratoriais. *International Journal of Advanced Research in Science, Engineering and Technology*. 4(5), 3847-3851.

Pappas, M.L., Broufas, G.D. & Koveos, D.S. (2011). Predadores criopatas e o seu papel no controlo biológico. *Journal of Entomology*. 8(3), 301-326.

Patel, K.G. & Vyas, H.N. (1985). Biologia dos Bancos de *Chrysopascelestes de Rendas Verdes* (Neuroptera: Chrysopidae) um predador importante em

Gujrat. Jornal de *Pesquisa das Universidades Agrícolas de Gujrat.* 11, 18-23.

Patel, S.M., Radadia, G. & Pandya, H. (2016). Investigação sobre Biologia Comparativa de *Chrysoperlazastrowi arabica* em diferentes espécies de Afídeos. *Avanços nas Ciências da Vida.* 5(17), 6927-6932.

Patro, B. & Behera, M.K. (2002). Biology and feeding potential of *Chrysoperlacarnea* (Stephens)(Neuroptera: Chrysopidae) on the bean aphid, *Aphis craccivora* Koch. *Journal of Biological Control.* 16(1), 77-80.

Pradhan, R.S., Singh, N.N. & Kumar, A. (2013). Período de desenvolvimento e capacidade de predação dos instantes larvares de Chrysoperlacarnea (Stephens). *Bioinfolet - A Quarterly Journal of Life Sciences.* 10(3a), 828-829.

Rana, L.B., Mainali, R.P., Regmi, H. & Raj Bhandari, B.P. (2017). Eficiência Alimentar do Açaimão Verde, *Chrysoperlacarnea* (Stephens) contra diferentes Espécies de Afídeos em Condições Laboratoriais. *International Journal of Applied Sciences and Biotechnology.*5(1), 37 - 41.

Rashid, M.M.U., Khattak, M.K., Abdullah, K., Amir, M., Tariq, M. & Nawaz, S. (2012). Potencial de alimentação de *Chrysoperlacarnea* e *Cryptolaemus montrouzierion* mealybug de algodão, *Phenacoccussolenopsis.* The *Journal of Animal and Plant Sciences.* 22(3), 639-64.

Saleh, A.A.A., El-Sharkawy, H.M., El-Santel, F.S. & Abd El-Salam, R.A. (2017). Estudos sobre o predador *Chrysoperlacarnea* (Stephens) no Egipto. *International Journal of* Environment.6(2), 70-77.

Saminathan, V.R., Baskaran, R.K.M. & Mahadevan, N.R. (1999). Biologia e potencial predatório de rendas verdes (*Chrysoperlacarnea*) em diferentes hospedeiros de insectos. *Jornal Indiano de Ciências Agrícolas.* 69(7), 502-505.

Saminathan, V.R., Mahadevan, N.R. & Muthukrishnan, N. (2003). Influência da densidade de presas sobre o potencial predatório e desenvolvimento da *Chrysoperlacarnea*. *Revista Indiana de Entomologia*. 65(1), 1-6.

Sarode, S.V. & Sonalkar, V.U. (1999). Efeito do hospedeiro, *Corcyra cephalonica* (Stainton) no desenvolvimento da *Chrysoperlacarnea* (Stephens). *Controlo Biológico*. 13, 129-131.

Satpathy, S., Kumar, A., Shivalingaswamy, T.M. & Rai, A.B. (2012). Efeito da presa sobre a predação, crescimento e biologia do açafrão verde (*Chrysoperlazastrowisillemi*). *Jornal Indiana de Ciências Agrárias*. 82(1), 55-58.

Sattar, M., Abro, G.H. & Syed, T.S. (2011). Efeito de diferentes hospedeiros na biologia da *Chrysoperlacarnea* (Stephens) (Neuroptera : Chrysopidae) em condições laboratoriais. *Pakistan Journal of Zoology*.43(6), 1049-1054.

Shaukat, M. A. (2018). Comportamento alimentar e duração de vida da *Chrysoperlacarnea* (Stephens) (Neuroptera : Chrysopidae) alimentando-se de uma variedade de hospedeiros. *Journal of Entomology and Zoology Studies*. 6(1), 691-697.

Singh, S. P. & Jalali. (1994). Produção e utilização de predadores Crisópteros. Direcção de Projecto de Controlo Biológico, Bangalore. *Boletim Técnico*. (10), 14.

Solangi, A.W., Lanjar, A.G., Baloch, N., RAIS, M.U.N. & Khuhro,S.A. (2013). População, preferência de hospedeiros e potencial alimentar de *Chrysoperlacarnea* (Stephens) em diferentes hospedeiros de insectos em culturas de algodão e mostarda. *Sindh University Research Journal-SURJ (Série Ciência)*. 45(2), 213-218.

Subhan, S. (2007). *Biology, biometrics, life-fecundity and predatory potential of Chrysoperlacarnea on Corcyra cephalonica*(tese de mestrado). Vasantrao Naik Marathwada Krishi Vidyapeeth, Parbhani.

Subhan, S., Shetgar, S.S., Patait, D.D., Badgujar, A.G. & Dhurgude, S.S. (2010). Biologia da *Chrysoperlacarnea* (Stephens) em *Corcyra cephalonica* (Stainton). *Jornal Indiano de Entomologia*. 72(3), 251-255.

Takalloozadeh, H.M. (2015). Efeito de diferentes espécies de presas nos parâmetros biológicos da *Chrysoperlacarnea* (Neuroptera : Chrysopidae) em condições laboratoriais. *Journal of Crop Protection*. 4(1), 11-18.

Tauber, M.J., Tauber, C.A., Daane, K.M. & Hagen, K.S. (2000). Comercialização de predadores: lições recentes de crisópteros verdes (Neuroptera: Chrysopidae: Chrosoperla). *Entomologista Americano*. 46(1), 26-38.

Thite, N.R.& Shivpuje, P.R. (1999). Biology Feeding Potential and Development of *Chrysoperlacarnea* (Stephens) on *Aphis gossypii* (Glover). *Journal-Maharastra Universidades Agrícolas*. 24(3), 240-241.

Timke, S.H., Shetgar, S.S. & Khandare, R.Y. (2020). Potencial de alimentação de *Chrysoperlacarnea* (Stephens) em *Corcyra cephalonica* (Stainton) a diferentes níveis de temperatura. *Journal of Entomology and Zoology Studies*. 8(6), 1322-1325.

Venkatesan, T., Poorani, J., Murthy, K.S., Jalali, S.K., Kumar, G.A., Lalitha, Y. & Rajeshwari, R. (2008). Ocorrência de *Chrysoperlazastrowi arabica*(Henry *et al*.) (Neuroptera: Chrysopidae), uma espécie de canção críptica de *Chrysoperla* (carnea-grupo). *Jornal Indiano de Controlo Biológico*. 22(1), 143-147.

Villenave, J., Thierry, D., Al Mamun, A., Lodé, T. & Rat-Morris, E. (2005). Os pólens consumidos pelas rendas verdes comuns *Chrysoperla spp.* (Neuroptera :Chrysopidae) em ambiente de cultivo de couve no oeste da França. *Revista Europeia de Entomologia*. 102(3), 547-552.

Vivek, S., Paul, B., Pandi, G.G.P. & Shankar ganesh, K. (2013). Biologia e potencial predatório do açaimão verde, *Chrysoperla sp.*(carnea-grupo) sobre diferentes espécies de afídeos. *Anais das Ciências Fitossanitárias*. 21(1), 9-12.

APÊNDICE

Dados meteorológicos semanais para o ano 2020 - 2021 registados em VNMKV, Parbhani.

Semana do encontro	Pluviometria (mm)	Temperatura ºC		Humidade (%)		EVP mm/dia	BBS hr/dia	W.V. (Kmph)
		Max	Min	RH1	RH2			
41(2020)	85.6	31.3	21.7	89	66	3.4	4.0	2.6
42	8.0	31.4	21.9	91	58	3.5	5.0	4.2
43	6.4	32.1	20.7	90	47	3.7	8.8	2.5
44	0.0	32.5	15.6	86	29	4.8	7.8	1.9
45	0.0	31.0	10.9	85	22	5.3	9.2	2.8
46	0.0	32.0	14.8	84	35	4.8	9.3	3.1
47	0.0	32.2	17.2	83	43	4.2	8.2	2.5
48	0.0	29.7	15.2	80	41	4.7	6.6	4.8
49	0.0	31.0	9.2	86.6	27.0	4.8	9.3	2.9
50	0.0	30.3	14.8	83.1	34.9	4.1	7.2	2.8
51	0.0	28.8	10.2	89.0	36.0	4.0	7.9	2.9
52	0.0	28.9	9.5	87.4	33.4	4.0	8.3	2.5
01(2021)	0.0	28.8	15.4	88	51	3.7	4.3	3.8
02	0.0	31.0	15.3	90	40	4.4	6.3	3.5
03	0.0	31.2	15.1	82	35	4.4	7.6	3.1
04	0.0	31.7	13.6	83	34	4.3	8.2	2.5
05	0.0	30.3	12.9	78	29	5.2	7.4	3.4
06	0.0	30.2	11.3	66	20	5.9	9.4	3.0
07	1.8	32.4	14.3	76	24	5.6	8.7	2.8
08	14.5	30.3	13.0	93	40	4.5	7.7	3.4
09	0.0	31.8	13.6	59	12	6.3	8.0	2.6
10	0.0	36.6	16.6	61	14	7.1	9.3	2.6

11	0.0	36.8	16.8	60	21	7.5	9.0	3.0
12	14.3	34.9	20.1	74	28	6.9	7.0	5.0
13	0.0	33.6	13.3	49	9	7.8	7.8	2.7

yes
I want morebooks!

Buy your books fast and straightforward online - at one of world's fastest growing online book stores! Environmentally sound due to Print-on-Demand technologies.

Buy your books online at
www.morebooks.shop

Compre os seus livros mais rápido e diretamente na internet, em uma das livrarias on-line com o maior crescimento no mundo! Produção que protege o meio ambiente através das tecnologias de impressão sob demanda.

Compre os seus livros on-line em
www.morebooks.shop

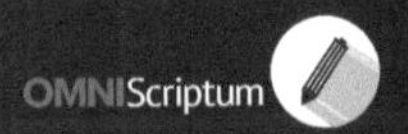

Printed by Books on Demand GmbH, Norderstedt / Germany